"十三五"国家重点出版物出版规划项目
现代机械工程系列精品教材

机器人综合实验教程

主编 李大寨
参编 林 闯 欧阳铜

机械工业出版社

本书以机器人双臂协调装配实验台和并联机器人自动化分拣实验台的操作内容为载体，系统介绍了实验台的设备组成、运动控制方法、实验理论基础、机器人编程控制与仿真以及机器人综合实验，使读者对机器人自动化生产线形成比较清晰的认知。

全书分为7章。第1章总体描述机器人实验系统的组成，第2章介绍实验系统的基本操作，第3章介绍与本书实验内容相关的机器人理论基础与实践，第4章介绍机器人编程的相关知识，第5章介绍机器人仿真软件的应用及实践，第6章介绍机器人双臂协调装配实验系统，第7章介绍并联机器人自动化分拣实验系统。

本书的特点是按照类型、层次来介绍实验体系，注重理论与实际相结合，使读者在巩固理论知识的同时，培养动手实践能力和创新设计能力。

本书通俗易懂，实用性强，既可作为普通高校及中高职院校的专业或实训教材，又可作为工业机器人培训机构用书，也可作为相关行业技术人员的参考书籍。

图书在版编目（CIP）数据

机器人综合实验教程/李大寨主编.—北京：机械工业出版社，2020.3
"十三五"国家重点出版物出版规划项目　现代机械工程系列精品教材
ISBN 978-7-111-64824-6

Ⅰ.①机…　Ⅱ.①李…　Ⅲ.①工业机器人—高等学校—教材
Ⅳ.①TP242.2

中国版本图书馆CIP数据核字（2020）第031310号

机械工业出版社（北京市百万庄大街22号　邮政编码100037）
策划编辑：舒　恬　责任编辑：舒　恬　陈崇昱　刘丽敏
责任校对：陈　越　封面设计：张　静
责任印制：李　昂
北京机工印刷厂印刷
2020年5月第1版第1次印刷
184mm×260mm·11.5印张·284千字
标准书号：ISBN 978-7-111-64824-6
定价：35.00元

电话服务　　　　　　　　　网络服务
客服电话：010-88361066　　机　工　官　网：www.cmpbook.com
　　　　　010-88379833　　机　工　官　博：weibo.com/cmp1952
　　　　　010-68326294　　金　书　网：www.golden-book.com
封底无防伪标均为盗版　机工教育服务网：www.cmpedu.com

前言

自2013年德国提出"工业4.0"的概念以来,第四次工业革命已悄然来临。"智能制造""智慧工厂"等词语逐渐进入人们的视野,其中尤以机器人的发展最为瞩目,成为当下工业生产的热议话题。我国积极推进机器人行业发展,国家相关部门先后出台了《关于推进工业机器人产业发展的指导意见》《中国制造2025》《机器人产业发展规划(2016-2020年)》等一系列政策文件,切实推动机器人的研发、生产和市场应用。

2016年我国市场工业机器人消费总量为88992台,较2015年增长26.6%,处于高速增长之中;而国产工业机器人共销售29144台,同比增长30.9%。按照工信部关于工业机器人的发展规划:到2020年,国内工业机器人装机量将达到100万台,需要至少20万与工业机器人应用相关的从业人员,并且以每年20%~30%的速度持续递增。而在我国人口劳动力方面,据第六次全国人口普查数据,全国65岁以上人口比重为8.87%,人口老龄化较为严重。人口老龄化带来的社会劳动力不足,使得用人成本上升,利用机器人操作代替部分简单的手工劳作成为当前社会的迫切需求。因此,对既具有较高的理论素养,又具有较强的实践经验人才的培养,也已成为社会对大专院校的现实要求。为了满足社会对机器人技术人才的需求,国内许多高等院校开设了机器人技术和机器人工程方面的课程,旨在培养学生基本的机器人技术素养和应用技能。根据机器人技术专业性质,要求学生对机器人技术拥有较深入的理论知识,还需要学生具备很强的实际操作能力。从教学的角度而言,选择一本既具备机器人基本理论知识又具备机器人综合实践的教材至关重要。

目前国内出版的有关机器人方面的书籍主要分为两大类:一类是由研究机器人的学者所撰写的关于机器人原理方面的书籍,重点阐述机器人的概念和原理,理论性较强,和实际应用结合不太紧密;另一类是由机器人生产厂家或代理商编写的针对某种机器人产品的使用说明书,内容较单一。而编写本书的目的,就是为了解决机器人技术专业教学中理论和实践脱节的问题。

本书的特点可归纳为:

(1)理论和实践相结合,既介绍机器人的基本工作原理,也结合实际实验平台设计相关自动化实验。

(2)知识涵盖面广。本书以并联机器人分拣系统和串联机器人双臂协调操作平台为载体,介绍了自动化系统中广泛使用的上下料系统、传送带运动控制、工件的定位和识别、机器视觉、机器人运动控制、基于6自由度测量臂的位置标定技术等方面的内容。

(3)对具体的实验过程进行经验性总结,归纳出机器人技术的一些共性技术理念,并结合工程经验强调"工程思想",使那些对机器人技术感兴趣的读者对机器人的工程性质有所把握,加强与生产实际之间的联系。

本书适用课程为"机器人技术综合实践"或类似专业课程,旨在让学生了解机器人的基本构造、实际操作以及应用场景。为帮助学生更好地理解本书内容,其前导知识需要线性代数、C语言程序设计、电工电子技术、可编程控制器应用技术等。此外,教师在教学过程中,可将书中内容与自身工程经验相结合,增强学生的兴趣以及对工程实际的理解和把握。

本书由李大寨负责全书的统稿和定稿工作。本书的编写分工为:欧阳铜编写第1章,林闯编写第2、3章,李大寨编写第4~7章。

本书是在北京航空航天大学于靖军教授的策划和组织下完成的,在此深表感谢。

由于编者水平有限,书中欠妥之处在所难免,望读者批评指正。

编　者

目 录

前 言

第1章 机器人实验系统的组成 ……… 1
本章目标 ………………………………… 1
1.1 双臂协调串联机器人系统 …………… 1
   1.1.1 机器人的结构与规格参数 ……… 1
   1.1.2 控制系统的功能模块 …………… 2
   1.1.3 双臂协调机器人系统 …………… 3
1.2 基于并联机器人的自动化分拣系统 … 6
   1.2.1 机器人及其控制系统单元 ……… 7
   1.2.2 上位机单元 ………………………11
   1.2.3 上下料与工件传输单元 …………13
1.3 视觉系统 ………………………………14
   1.3.1 CCD 相机原理及使用方法 ………14
   1.3.2 图像传感器 ………………………15
   1.3.3 镜头 ………………………………16
   1.3.4 光源 ………………………………17
   1.3.5 视觉识别软件 ……………………18
1.4 测量臂系统 ……………………………19
   1.4.1 测量臂结构 ………………………19
   1.4.2 测量精度 …………………………20
   1.4.3 测量软件 …………………………20

第2章 实验系统的基本操作 …………22
本章目标 …………………………………22
2.1 示教盒的基本设置 ……………………22
   2.1.1 示教盒的语言设定 ………………24
   2.1.2 示教盒的时间设定 ………………25
   2.1.3 使能按钮的使用 …………………26
   2.1.4 查看常用信息与日志 ……………26
   2.1.5 数据的备份与恢复 ………………26
2.2 机器人的手动操作 ……………………30

   2.2.1 机器人状态切换 …………………30
   2.2.2 单轴运动的手动操作 ……………30
   2.2.3 线性运动的手动操作 ……………33
   2.2.4 重定位运动的手动操作 …………34
   2.2.5 转数计数器更新操作 ……………35
2.3 程序数据的设定 ………………………36
   2.3.1 建立程序数据 ……………………36
   2.3.2 工具数据的设定 …………………38
   2.3.3 工件坐标系的设定 ………………45
   2.3.4 有效载荷的设定 …………………49
2.4 视觉系统的操作 ………………………52
   2.4.1 配置 Integrated Vision ……………52
   2.4.2 相机标定的基本原理 ……………58

第3章 实验理论基础与实践 …………61
本章目标 …………………………………61
3.1 刚体的位姿描述 ………………………61
   3.1.1 空间点的位置描述 ………………61
   3.1.2 刚体的姿态描述 …………………61
   3.1.3 坐标变换 …………………………62
   3.1.4 齐次坐标与齐次矩阵 ……………64
   3.1.5 齐次矩阵变换 ……………………65
   3.1.6 姿态的其他描述方法 ……………67
3.2 机器人运动学 …………………………71
   3.2.1 连杆参数 …………………………71
   3.2.2 连杆坐标系 ………………………73
   3.2.3 连杆变换 …………………………74
   3.2.4 逆解的存在性与工作空间 ………75
   3.2.5 逆解的求解方法 …………………76
3.3 工件坐标系与工具坐标系的转换 ………78

3.3.1　工件及夹具与测量臂坐标系
　　　　之间的转换 …………………… 78
3.3.2　工件与夹具坐标系之间的转换 …… 79
3.3.3　机器人的位置精度 ………………… 80
3.3.4　机器人的重复位置精度 …………… 81

第 4 章　编程基础与实践 ……………… 82
本章目标 ……………………………………… 82
4.1　RAPID 程序的建立 …………………… 82
4.2　常用的 RAPID 程序指令 ……………… 87
4.3　RAPID 指令简介 ……………………… 92
　　4.3.1　I/O 控制指令 ………………………… 92
　　4.3.2　条件逻辑判断指令 …………………… 94
　　4.3.3　赋值指令 ……………………………… 95
4.4　建立一个可以运行的基本 RAPID
　　　程序 ………………………………… 101

第 5 章　机器人仿真软件介绍及
　　　　　实践 ……………………………… 111
本章目标 ……………………………………… 111
5.1　认识和安装工业机器人仿真软件
　　　RobotStudio ………………………… 111
　　5.1.1　了解工业机器人仿真软件
　　　　　　RobotStudio ……………………… 111
　　5.1.2　安装工业机器人仿真软件
　　　　　　RobotStudio ……………………… 112
　　5.1.3　RobotStudio 界面介绍 ……………… 113
5.2　搭建机器人基本工作站 ……………… 115
　　5.2.1　导入机器人 ………………………… 115
　　5.2.2　加载机器人末端执行器 …………… 115
　　5.2.3　建立工业机器人系统 ……………… 122

5.3　仿真软件中机器人的手动操作 ……… 124
　　5.3.1　直接拖动的操作方式 ……………… 124
　　5.3.2　精确手动的操作方式 ……………… 125
5.4　创建机器人工件坐标系与轨迹程序 … 128
　　5.4.1　创建工件坐标系 …………………… 128
　　5.4.2　创建机器人运动轨迹程序 ………… 130
　　5.4.3　机器人运动轨迹仿真 ……………… 136

第 6 章　机器人双臂协调装配实验 …… 139
本章目标 ……………………………………… 139
6.1　实验任务描述 ………………………… 139
6.2　实验目标 ……………………………… 139
6.3　实验任务实施 ………………………… 140
　　6.3.1　工作站的建立 ……………………… 140
　　6.3.2　程序数据的建立 …………………… 142
　　6.3.3　轨迹规划与仿真 …………………… 144
　　6.3.4　程序注解 …………………………… 146

第 7 章　并联机器人自动化分拣
　　　　　实验 ……………………………… 160
本章目标 ……………………………………… 160
7.1　实验任务描述 ………………………… 160
7.2　实验目标 ……………………………… 161
7.3　实验任务实施 ………………………… 161
　　7.3.1　相机的标定 ………………………… 161
　　7.3.2　坐标系的标定 ……………………… 163
　　7.3.3　目标动态跟踪 ……………………… 165
　　7.3.4　标准块分拣 ………………………… 168
　　7.3.5　程序注解 …………………………… 168

参考文献 ………………………………… 178

第 1 章

机器人实验系统的组成

> **本章目标**
>
> 1. 掌握串、并联机器人的结构特点。
> 2. 认识机器人实验系统的组成。
> 3. 了解机器人在工业中的应用。

本章介绍了串联机器人和并联机器人的结构特点,实验系统的组成,以及机器人在工业自动化领域中的应用,使读者对串、并联机器人有初步认知。

1.1 双臂协调串联机器人系统

串联机器人系统所采用的机械臂为 ABB 公司的型号为 IRB 120 的 6 自由度工业机器人,与其配套的机器人控制器的型号为 IRC5。串联机器人系统由 6 自由度工业机器人、机器人控制器、动力驱动以及电源管理等部分组成。

1.1.1 机器人的结构与规格参数

IRB 120 型机器人是 ABB 公司推出的新一代 6 轴工业机器人中的一员,其有效载荷为 3kg。该型机器人为开放式结构,适合于柔性自动化的应用场合,并且可与外部控制系统通过以太网进行信息交互。其结构如图 1-1 所示。

由图 1-1 可知,IRB 120 型机器人是典型的 6 自由度串联结构,关节之间由连杆互连,每个关节可以独立运动。6 自由度关节式机器人的结构特点决定了它动作的灵活性高、工作空间范

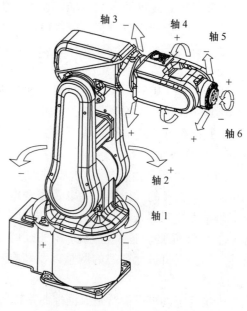

图 1-1 IRB 120 型机器人结构

围大,可以很灵活地绕过障碍物,而且结构紧凑,占地面积小,关节上相对运动部件容易密封防尘。这种机器人广泛应用于机床上下料、取件、弧焊、喷漆等行业。

IRB 120 型机器人的规格参数见表 1-1。

表 1-1 IRB 120 型机器人的规格参数

	轴	运动类型	工作范围	最大速度
运动和工作范围	轴 1	旋转	−165°~165°	250°/s
	轴 2	手臂	−110°~110°	250°/s
	轴 3	手臂	−90°~70°	250°/s
	轴 4	手腕	−160°~160°	320°/s
	轴 5	弯曲	−120°~120°	320°/s
	轴 6	翻转	−400°~400°	420°/s
参数与性能	电源电压		200~600V	额定功率	3kW
	机器人底座尺寸		180mm×180mm	机器人质量	25kg
	重复定位精度		0.01mm	防护等级	IP30
	机器人安装		任意角度	控制器	IRC5
	TCP[①] 最大加速度		28m/s^2	TCP 最大速度	6.2m/s

① 工具中心点 (Tool Center Point, TCP),下同。

1.1.2 控制系统的功能模块

机器人除了包括机械本体外,还包含机器人控制系统。本书将对机器人的控制系统进行简单介绍。双臂协调机器人控制系统的整体结构如图 1-2 所示。

控制系统完成机器人的运动控制,与上位机的交换命令和反馈信息,控制电动机关节运动、机器人末端执行器动作,以及气阀的开闭等动作。本书所介绍的 IRB-120 型机器人采用的是 IRC5 紧凑型控制器。这类控制器浓缩了 IRC5 的各项功能,体积小、重量轻,还配有外置式信号接头及内置式可扩展 16 路 I/O 系统。

动力驱动部分由机械臂的 12 个伺服电动机驱动,夹具的气压驱动,以及驱动电磁阀的可编程控制器 (PLC) 组成。动力驱动部分主要负责驱动各个电动机和气缸的运动,从而实现机械臂姿态的调整以及装配功能的实现。

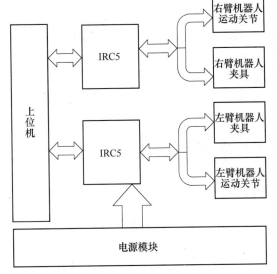

图 1-2 双臂协调机器人控制系统的整体结构

安全稳定的电源供给是保证控制系统各模块能够顺利运动的必要前提。在机器人双臂协调控制系统中,需要用到交流 220V 电源。为防止用电设备在使用过程中出现过载、短路以及欠电压等异常情况，在电源的进线处应设置断路器等电器保护装置。当设备发生电路异常时，电源管理部分会第一时间采取断电措施，最大限度地避免安全事故。

1.1.3 双臂协调机器人系统

了解双臂协调机器人控制系统的各个功能模块之后，本小节将介绍双臂协调机器人系统的组成以及各组成部分的功能和工作原理。

图1-3是一种双臂协调机器人实验平台，该平台由两个IRB 120型机器人、6个工件台、控制器、气动系统、示教盒以及与之配套的控制软件组成。该平台可以实现快速装配一个机械鼠标外壳的功能。

实验平台控制柜所配置的I/O模块的型号为DSQC 652，用来控制外部设备。I/O模块具有16路数字输入信号和16路数字输出接口。I/O模块接口的说明如图1-4所示。

图1-4中，A部分是数字输出信号指示灯；B部分是X1、X2数字输出接口；C部分为DeviceNet接口；D部分为模块状态指示灯；E部分为X3、X4数字输入接口；F部分为数字输入信号指示灯。各模块接口连接说明见表1-2~表1-6。

图1-3 双臂协调机器人实验平台

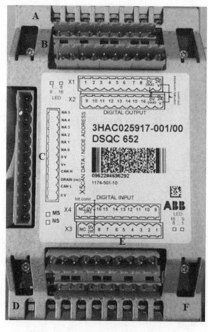

图1-4 DSQC 652接口示意图

表1-2 X1端子接口连接说明

X1端子编号	使用定义	地址分配
1	OUTPUT CH1	0
2	OUTPUT CH2	1
3	OUTPUT CH3	2
4	OUTPUT CH4	3
5	OUTPUT CH5	4
6	OUTPUT CH6	5
7	OUTPUT CH7	6
8	OUTPUT CH8	7
9	0V	
10	24V	

表1-3 X2端子接口连接说明

X2端子编号	使用定义	地址分配
1	OUTPUT CH9	8
2	OUTPUT CH10	9
3	OUTPUT CH11	10
4	OUTPUT CH12	11
5	OUTPUT CH13	12
6	OUTPUT CH14	13
7	OUTPUT CH15	14
8	OUTPUT CH16	15
9	0V	
10	24V	

表1-4 X3端子接口连接说明

X3端子编号	使用定义	地址分配
1	INPUT CH1	0
2	INPUT CH2	1
3	INPUT CH3	2
4	INPUT CH4	3
5	INPUT CH5	4
6	INPUT CH6	5
7	INPUT CH7	6
8	INPUT CH8	7
9	0V	
10	未使用	

表1-5 X4端子接口连接说明

X4端子编号	使用定义	地址分配
1	INPUT CH9	8
2	INPUT CH10	9
3	INPUT CH11	10
4	INPUT CH12	11
5	INPUT CH13	12
6	INPUT CH14	13
7	INPUT CH15	14
8	INPUT CH16	15
9	0V	
10	未使用	

表1-6 X5端子接口连接说明

X5端子编号	使用定义
1	0V（黑色线）
2	CAN信号线（Low，蓝色线）
3	屏蔽线
4	CAN信号线（High，白色线）
5	24V（红色线）
6	GND 地址选择公共端
7	模块ID bit 0（LSB）
8	模块ID bit 1（LSB）
9	模块ID bit 2（LSB）
10	模块ID bit 3（LSB）
11	模块ID bit 4（LSB）
12	模块ID bit 5（LSB）

在编程软件界面创建控制系统时，已经将I/O口的功能配置好，所以在编程过程中，只需要知道控制工具动作所对应的I/O口编号即可。在编程中将会使用到的I/O信号定义见表1-7。

表1-7 I/O信号定义表

信号	定义
DO9	机器人的输出信号为1时，夹具加紧，为0时松开
DI9	机器人的输入信号为1时，传送带光电检测到物料
DI11	机器人的输入信号为1时，旋转开关到流水线模式
DI12	机器人的输入信号为1时，旋转开关到写字模式

机器人末端夹具的动作通过对I/O口的编程实现，由气压驱动。气压驱动系统由动力元件、辅助元件、执行元件、控制元件这四部分组成。动力元件的主体部分是空气压缩机，它把电动机输出的机械能转化为压力输送给气动系统。辅助元件主要有冷却器、油水分离器、空气干燥器、空气过滤器、气罐、油雾器、消声器等。

冷却器的作用是将 140~170℃ 的高温压缩空气降至 40~50℃，使水和油变成凝结的油滴和水滴，易于排出。油水分离器将经冷却器降温析出的水和油等杂质从压缩空气中分离出来，使空气得到初步净化。空气干燥器将初步净化的湿压缩空气进一步脱水去杂质，成为干燥的压缩空气，以提高压缩空气的质量。空气过滤器根据固体物质和空气分子的大小和质量不同，利用惯性、阻隔和吸附的方法滤除压缩空气中的水分、油滴及杂质微粒，以实现空气净化的要求。气罐的主要作用是消除压力波动，保证输出气流的连续性；同时还能储存一定体积的压缩空气，调节用气量以备发生故障和临时应急使用，并进一步分离压缩空气中的水分和油分。油雾器的主要作用是以压缩空气为动力，将润滑油喷射成雾状并混合于压缩空气中，使该压缩空气具有润滑气动元件的能力，以减轻其对运动零件的表面磨损，改善其工作性能。消声器是指能阻止声音传播而允许气流通过的一种气动元件，其工作原理是通过阻尼或加大排气面积，以降低排气的速度和功率（能量）。

气动执行元件是把压缩空气的压力转化为机械能的能量转换装置，可分为气缸和气马达。气动控制元件的功能是用来控制和调节压缩空气的压力、流量和流动方向，保证气动执行元件具有一定的力（力矩）和速度，按预定的方向与程序正常工作。本书所用到的控制元件主要是手滑阀、调压阀和电磁阀。手滑阀和调压阀是手动阀，电磁阀是电动阀。调压阀把来自气源的较高输入压力减小至设备或分支系统所需的较低的输出压力，可调节并保持输出压力值的稳定，使输出压力不受系统流量、负载和压力值波动的影响。当手滑阀滑到右侧时（正面面对调压阀气压表为方向基准），气路打开，滑到左侧时，气路关闭。利用调压阀调整气压操作时需要先将旋钮向上拔起，然后顺时针旋转旋钮降低气压，逆时针旋转旋钮升高气压。若旋钮未向上拔起，则不能调节气压大小。电磁阀用来自动控制气路开合，通过继电器控制，或由 PLC 的 I/O 口直接驱动。

机器人所用控制器为 IRC5 型控制器（图 1-5），内置有机器人控制模块和驱动模块。控制模块包含与机器人控制相关的所有控制装置，包括主机、运动控制器、I/O 电路板和内存等，控制器内运行操作机器人所需软件（RobotWare 系统）；驱动模块包含驱动机器人关节电动机的电动机驱动器。IRC5 控制器最多可驱动 9 个伺服电动机。

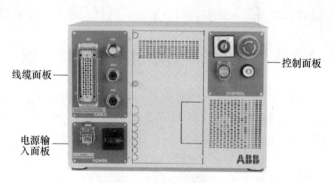

图 1-5　机器人控制器

在 RobotWare 软件中，以内置的动态控制模型为基础，使机器人在运动中具有较高的运动效率和定位精度；同时还具有安全监测和紧急停机功能，可以在运动过程中对运行状态进行监控，保障操作人员的安全。

工业机器人的末端轨迹规划一般采用示教再现方式，即先通过示教盒示教机器人运动轨迹点并记录存储，然后让机器人在实际工作中再现这些轨迹点。示教盒是工业机器人的必备装置（图 1-6），通过示教盒能够实现对机器人的手动控制，也能直接在示教盒上编写程序，控制机器人关节运动，还能在示教盒上设置程序参数、夹具参数、I/O 口信号参数等。

在操作示教盒时，绝大多数操作都是在触摸屏（B）上进行的，但示教盒上仍有一些按钮来执行特定的操作。示教盒各部分功能和使用方法将在第 2 章介绍。

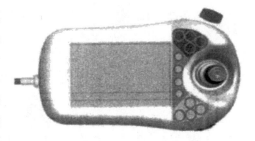

图 1-6　示教盒外形

RobotStudio（以下简称 RS）软件是与 ABB 机器人配套使用的仿真软件，可用于机器人的建模、离线编程和运动仿真。RS 软件允许使用离线控制器，即在计算机上本地运行虚拟的 IRC5 控制器。当 RS 软件随实际 IRC5 控制器一起使用时，称它处于在线模式；未连接到真实控制器或在连接到虚拟控制器的情况下使用时，称 RS 软件处于离线模式。

RS 软件有 7 个功能选项卡，分别是"文件""基本""建模""仿真""控制器""RAPID"和"Add-Ins"。其中，"基本"功能选项卡的功能如下：

① 导入 ABB 机器人模型库。在模型库中包含了大量的机器人三维模型和工具模型，它们都可以直接使用，这样简化了建模过程。

② 创建机器人系统。RS 软件在建立好三维模型后，还可以创建机器人系统，并给每个关节配置模拟驱动器。

③ 编程路径。建立好机器人系统后，可以通过选择位置点来生成路径，进行路径轨迹仿真。

RS 软件也能创建工作台、导轨等模型库里并不存在的实体。建模完成后，可以生成机器人运动路径，通过仿真来模拟机器人的轨迹，降低实验的成本和风险，提高效率。

"控制器"功能选项卡的功能：只要建立外接设备与机器人控制器的联系，并在控制器授予外接设备控制机器人的权限后，外接设备就可以修改控制器内部程序。

1.2　基于并联机器人的自动化分拣系统

分拣系统所要完成的任务是对流水线上多类型、散乱的工件进行识别与定位，从而实现零件的有序分拣。本书以 ABB 公司的 Delta 型并联机器人为基础，搭建了基于双目视觉的机器人分拣系统，如图 1-7 所示。该系统中，上料盘将多种形状、颜色的工件随机散落在传送带上，通过双目视觉平台对工件进行识别和定位，机器人系统完成工件的跟踪和拾起，并将工件分类放入对应的工件槽中。

该机器人分拣系统由如下几个单元组成：上下料与工件传输单元、工件平台单元、双目视觉单元、机器人及其控制系统单元、上位机单元。系统中的各个单元由上位机协调控制以完成分拣作业。

图 1-7　双目视觉的机器人分拣系统

1.2.1 机器人及其控制系统单元

机器人及其控制系统单元是执行工件抓取和放置任务的功能单元,该单元以机器人控制器为核心,集成了机器人、气压传动、传送带驱动和编码器数据采集等功能模块。控制系统的基本构成如图 1-8 所示。

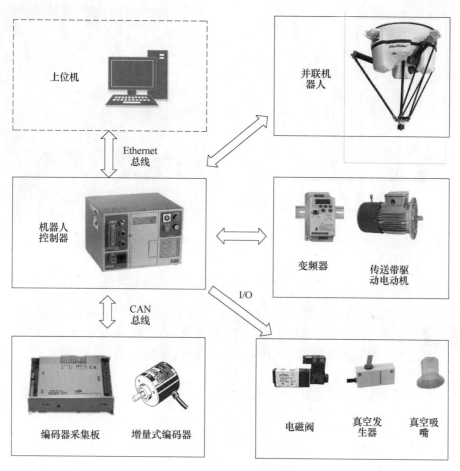

图 1-8 控制系统的基本构成

本实验平台采用的并联机器人本体为 ABB 公司生产的 IRB 360 系列机器人。IRB 360 系列机器人是一种典型的 Delta 型并联机器人,如图 1-9 所示。

Delta 型并联机器人是一种典型的 3 自由度的并联机器人。这种机器人包含动平台和静平台两部分,两平台间通过互成一定角度的 3 组运动链相连接。在运动链上,与静平台相连的部分称为主动杆,与动平台相连的部分称为从动杆,从动杆为平行的一对,分别通过虎克铰与主动杆或动平台相连接。在实际使用中,用一个转动副和一对球铰代替虎克铰,如图 1-10 所示。此外还有一根中间杆通过十字万向联轴器连接动平台和静平台,用于增加末端执行器绕 Z 轴旋转时的自由度,而且不影响动平台的位姿。

在此种类型机器人的空间机构中,有 3 个转动副和 6 组成对存在的球铰,每个转动副有 1 个自由度,每组球铰有 2 个自由度。利用 Kutzbach-Grubler 公式计算有

$$F = 6(n - g - 1) + \sum_{i=1}^{g} f_i \qquad (1\text{-}1)$$

式中 n——运动杆数；

　　　g——运动副数；

　　　f_i——运动副 i 具有的自由度数。

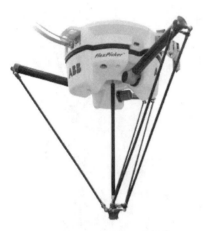

图1-9　IRB 360系列机器人

图1-10　并联机器人球铰结构

由于 $n=8$，$g=9$，$\sum_{i=1}^{g} f_i = 15$，代入式（1-1）可得此机器人的自由度数为 $F=3$。

与串联机器人不同，Delta 型并联机器人若利用 D-H 参数法求解会比较复杂，而通过几何关系求解则比较简单。由于从动杆两端由虎克铰连接，且对边长度相等，可以推导出从动杆构成平行四边形。如图 1-11 所示，3 组不同的轴线（见图中虚线）始终平行，进而保证了动平台与静平台始终平行。

根据这一几何关系，即可根据末端位置坐标，求出主动杆相对于静平台的摆角。主动杆的摆角 θ_i 的理论活动区间为（$-90°$，$180°$）。各支链中各杆的几何关系如图 1-12 所示。

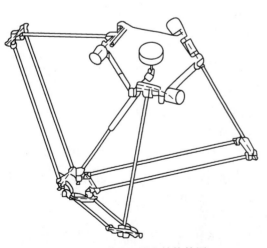

图1-11　并联机器人结构简图

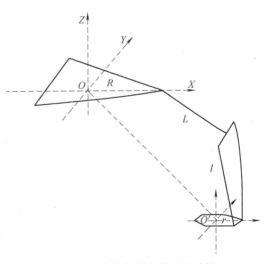

图1-12　并联机器人单个运动链

求解可得

$$\tan\frac{\theta_i}{2} = \begin{cases} \dfrac{b_i \pm \sqrt{\Delta_i}}{2a_i}, & a_i \neq 0, \Delta_i \geq 0 \\ -\dfrac{c_i}{b_i}, & a_i = 0 \\ 无解, & \Delta_i < 0 \end{cases} \quad (1-2)$$

式中 i——表示支链编号，$i=1, 2, 3$；

a_i——表示 $a_i = x^2 + y^2 + z^2 + (R-r)^2 - l^2 + L^2 - 2x \cdot \cos\alpha_i \cdot (R-r) - 2y \cdot \sin\alpha_i \cdot (R-r) + 2L \cdot (x \cdot \cos\alpha_i + R - r) - 2L \cdot y \cdot \sin\alpha_i$；

b_i——表示 $b_i = x^2 + y^2 + z^2 + (R-r)^2 - l^2 + L^2 - 2x \cdot \cos\alpha_i \cdot (R-r) - 2y \cdot \sin\alpha_i \cdot (R-r) - 2L \cdot (x \cdot \cos\alpha_i + R - r) + 2L \cdot y \cdot \sin\alpha_i$；

c_i——表示 $c_i = 4L \cdot z$；

Δ_i——表示 $\Delta_i = b_i^2 - 4a_i \cdot c_i$；

α_i——表示 $\alpha_{1,2,3} = 0°, 120°, 240°$；

(x, y, z)——表示动平台的几何中心（吸盘中心）相对于定平台基坐标系的坐标。

由上面表达式组成的方程有 8 组实数解，对应机器人的 8 种姿态，如图 1-13 所示。

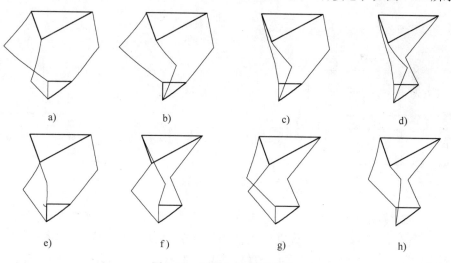

图 1-13 机器人的 8 种姿态

选择图 1-13a 所示姿态中的解为所求结果。对应 Delta 型并联机器人的工作空间如图 1-14 所示。

本书采用的机器人控制器为 ABB 公司的 IRC5 Compact 控制器。该控制器采用模块化设计，主要有驱动模块和控制模块两个部分。图 1-15 为机器人控制器的功能组成。

驱动模块即电动机驱动器，对机器人以及可选的外部电动机提供驱动功能；控制模块内包括主机、通信接口、操作面板、拓展 I/O 接口、示教盒接口等部分，同时有配套系统软件，软件具有基本操作和编程功能。

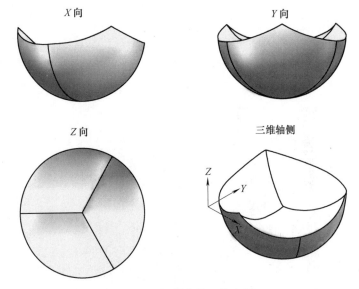

图 1-14 机器人的工作空间

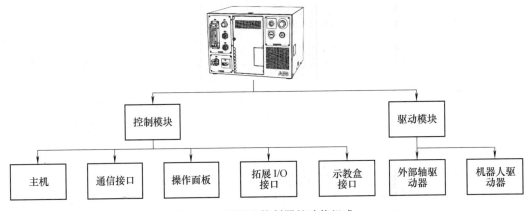

图 1-15 机器人控制器的功能组成

另外，控制模块中还包含 I/O 接口 DSQC 651 和编码器读取模块 DSQC 377，通过拓展 I/O 接口与机器人控制箱连接，分别用于控制气动单元的电磁阀和读取编码器计数值。

机器人控制器的软件部分包括 4 个功能模块：套接字通信模块、机器人配置初始化模块、工件分拣模块、动态跟踪模块。程序采用 RAPID 语言编写，并在 IRC5 型控制器平台下运行。RAPID 语言是 ABB 公司针对机器人控制器和机器人应用开发的一种高级编程语言，它的结构和运行方式与 C 语言相似。该语言中包含了针对机器人的逻辑、运动、I/O 控制、外部通信、外围设备控制等功能的大量指令和功能函数，同时也能根据需要来编写特定的指令集和功能函数。

机器人控制器的主要功能模块所包含的功能如下：

① 套接字通信模块：套接字通信模块承担了与上位机的通信功能。包括套接字的建立连接、监听、发送和接收，以及拆包和封包等功能的实现。

② 机器人配置初始化模块：在进行机器人分拣工作前，需要对机器人的运动速度、运动载荷、运动模式、外部 I/O 控制、编码器数据读取等功能的参数进行初始化。同时，在程序运行过程中用到的坐标系和坐标等参数信息也需要在此模块中进行定义。

③ 工件分拣模块：该模块是机器人执行分拣动作的模块，主要包含了用于生成目标抓取和目标放置两个部分运动路径的指令。

④ 动态跟踪模块：该模块用于工件的动态跟踪。控制器通过对传送带的实时运动信息进行采集、转换和计算，实现对目标物的动态跟踪。

1.2.2 上位机单元

上位机单元的软件部分主要包括 4 个模块：图像采集和预处理模块、识别与标定模块、套接字通信模块、用户界面模块。软件在 Windows 环境下运行，开发工具为 Visual Studio 2010，添加有 QT5 插件、OpenCV 和相机接口等第三方动态链接库。

Visual Studio（以下简称 VS）是微软公司推出的专业开发工具，是 Windows 操作系统中软件开发人员最常用的开发工具，可以利用 C、C++、C#等语言进行应用软件开发，具有编译、调试、运行和版本管理等功能。为了保证与第三方库的兼容性，选择采用 Visual Studio 2010 进行开发。

Qt 是诺基亚公司基于 C++编写的跨平台库，主要用于编写和实现用户界面及其相关程序。Qt 不仅仅是拥有众多应用程序接口的 C++图形库，同时也发展出了对数据库、OpenGL、脚本库、多媒体库等的支持，其内核还可以提供进程间通信、多线程操作等功能。因此，Qt 是一种开发效率较高的库。

上位机单元的软件部分的 4 个模块所包含的功能如下。

① 图像采集和预处理模块：图像采集部分主要包含设定采集参数和进行图像采集的功能，预处理部分主要包含与图像处理相关的算法实现，包括：图像滤波、形态学处理、二值化、边缘检测、区域提取、直线提取、角点提取等功能。

② 识别与标定模块：识别与标定模块主要包含相机的标定功能和工件的识别与标定功能。相机的标定功能则包括棋盘格标定相关的算法；工件的识别与标定功能则包括直线匹配、角点匹配等算法。

③ 套接字通信模块：套接字通信模块主要承担了与机器人控制器的通信功能。包括套接字的建立连接、监听、发送和接收，以及拆包和封包等功能的实现。同时也包含了与控制器进行时钟同步时所用到的算法。

④ 用户界面模块：用户界面模块为人机操作对话接口，包括执行图像标定、图像采集、实时分拣等功能和参数设定时的图形接口，以及图像采集结果和识别标定结果的图像显示窗口区域。

本系统中的上位机、机器人控制器与双目视觉平台间通过 Ethernet 总线进行数据交换。控制系统的信息流如图 1-16 所示。

控制系统的信息流主要分为下面几个部分。

① 图像的采集：上位机通过 Ethernet 总线同相机进行通信。GER 系列相机支持"GEN<i>CAM"标准，它是欧洲机器视觉协会（European Machine Vision Association，EMVA）颁布的一种统一编程接口，无论相机使用的是哪种传输协议或者实现了哪些功能，

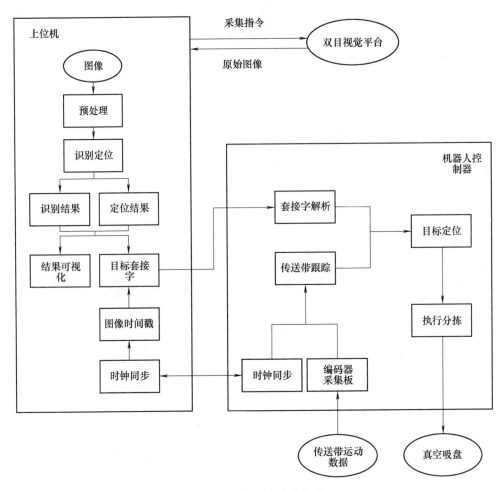

图 1-16 控制系统的信息流

编程接口(Application Program Interface,API)都是一样的。上位机的程序通过"GEN<i>CAM"标准中的标准输出接口 GenTL 完成对相机设备的枚举、采集参数配置和图像采集。

② 上位机与机器人控制器的通信:本系统中采用 IRC5 型机器人控制器提供的 Ethernet 总线接口和对应的套接字通信软件接口。套接字(Socket)通信是基于 TCP/IP 的一种通信方式,它通过封装的方式提供了供应用程序调用的 TCP/IP。通过建立 Socket 连接,程序可以用类似文件读写的方式完成网络上各设备间的通信。

上位机与机器人控制器间的通信主要有两个目的。首先,使上位机与机器人控制器间的时钟同步,同步的目的是为了在进行动态跟踪前,确定传送带与双目视觉平台之间的定位关系;其次,把机器视觉的识别和定位结果传送到机器人控制器,供机器人完成抓取。

由于套接字通信方式通过字符串方式传输数据,因此将需要传输的数据包的封包和拆包方式进行约定。图 1-17 为上位机发送数据的结构体。

在 TCP/IP 通信中,可能出现丢包或粘包等错误情况。丢包指数据包未能成功完整地发送;粘包指有多个数据包依次发送时,可能导致多个数据包混杂,无法有效拆包。两种情况下均会导致数据丢失。为了避免丢包或粘包情况的发生,在上位机发出不同指令

第1章 机器人实验系统的组成

结构	A	+	Time	+	Num	+	Type	+	Position	+	orientation
说明	指令类型		采集时间		工件序号		工件类型		工件位置 $(X+Y+Z)$		工件姿态 $(q_0+q_1+q_2+q_3)$

结构	B	+	Time
说明	指令类型		校准时间

结构	C	+	Time
说明	指令类型		当前时间

图 1-17 上位机发送数据的结构体

时,控制器会根据拆包结果返回不同的数据。当未收到返回数据时,上位机将尝试重新连接并再次发送数据;当控制器返回数据指向数据包缺失或返回数据缺失时,上位机将重复发送数据。图 1-18 为控制器返回数据的结构体。

结构	A/B/C	+	Mark	+	Num
说明	指令类型		Y:数据包完整 N:数据包缺失		工件序号

图 1-18 控制器返回数据的结构体

1.2.3 上下料与工件传输单元

上下料与工件传输单元由振动上料盘、传送带、工件放置槽组成。如图 1-19 所示,上料盘安装在邻近传送带起始端位置,料出口对准传送带;传送带水平安装,保持平稳运动;工件放置槽安放在邻近传送带的末端位置,保持与传送带大体平行,从而使得机器人的工作空间在覆盖所有工件放置槽的前提下能够覆盖尽量多的传送带区域。

振动上料盘的结构如图 1-20 所示,它通过固定在料槽和底座之间的电磁铁产生的激振力来驱动盘形振动上料器,使料槽沿垂直方向往复振动。同时在板弹簧的约束下,料槽在水平

图 1-19 上下料与工件传输单元

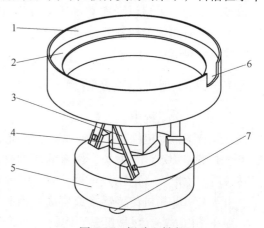

图 1-20 振动上料盘
1—料槽 2—料道 3—板弹簧 4—电磁铁
5—底座 6—料出口 7—隔振支脚

平面内发生往复扭振。工件在振动下沿料道运动，依次从料出口输送至传送带。可以通过变频器控制激振力的频率，以调整上料速度。

传送带用于输送工件。传送带长度为2.5m，宽度为350mm。采用变频器驱动电动机运动。最大运动速度可达140mm/s，工作速度约100mm/s。变频器配备有与外部设备的通信接口，与机器人控制器I/O板相连，通过不同的信号输入，可以实现对传送带的启停以及速度控制。

传送带运送速度由增量式光电编码器检测，编码器的分辨率[⊖]为1000P/r。编码器的A、B相信号输出到机器人控制器专用采集板（型号为377B），经过信号转换后输入控制器。

工件放置槽用于存放被分拣后的工件。如图1-21所示，分拣后的工件被分类整齐地放置在工件放置槽中。

图1-21　工件放置槽

1.3　视觉系统

双目视觉是系统中的核心组成部分。在分拣过程中，双目视觉系统负责传送带上的零件识别和定位。其识别定位的准确度和效率决定了系统的工作效率和性能。

双目视觉平台由相机支架、光源和双目相机组成。其中光源采用低角度侧光方式，固定在传送带两侧；双目相机由两个单目相机组合而成，以平行的方式安装在相机支架上。

如图1-22所示，双目视觉平台安装在传送带起始段的位置，采用纵向布置的方式安装于传送带上方。纵向布置的优点在于能够将绝大部分视野区域保留在传送带区域内。

图1-22　视觉系统位置示意图

1.3.1　CCD相机原理及使用方法

在机器视觉系统中，工业相机是将图像信号转换为电信号的一个关键组件。相比民用相机，它具有图像稳定性高、传输速度快和抗干扰能力好等优点。根据所用芯片的不同，分为CCD相机和CMOS相机两类，两者的区别是：CCD相机先将光信号转换为电荷信息，再通过转换后产生电流（电压）信号；而CMOS相机经过光电转换后直接得到电流（电压）信号。由于CMOS相机传感器集成度高，因此相邻传感元件、电流之间的光、电、磁干扰严重，存在噪声大、光灵敏度差等问题，但随着芯片生产技术和消噪技术的发展，CMOS相机

⊖ 编码器的分辨率，是指编码器可读并输出的最小角度变化，对应的单位为每转脉冲数（P/r）。——编辑注

也逐渐得到应用。

本系统中采用的相机为 CCD 相机，通过 USB3.0 接口与上位机连接，完成图像信号的采集。

由于相机镜头的畸变，导致采集到的图像存在畸变问题，因此在使用相机前，需要对畸变进行标定校正。图 1-23 为两种径向畸变的示意图。

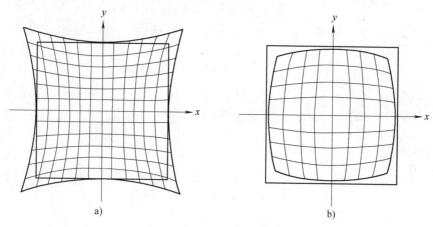

图 1-23 镜头的两种径向畸变
a）枕形畸变 b）桶形畸变

1.3.2 图像传感器

相机选型是双目视觉平台搭建中最重要的一环，相机的性能参数直接影响着图像采集的效果。表 1-8 为影响相机性能的系统参数。

表 1-8 相机选型参数

视野范围	长	460mm
	宽	350mm
拍摄距离		800mm
传送带速度		100mm/s
静态识别精度		0.5mm

相机系统通常由镜头和机身两个部分组成。镜头的作用是会聚光束，将目标成像在图像传感器平面上。因此，镜头和图像传感器是相机的关键部分。

本实验平台所用相机为大恒公司的 MER-200-20GC 工业相机。其规格参数见表 1-9。

表 1-9 MER-200-20GC 工业相机的规格参数

型号	MER-200-20GC	曝光时间	20μs~1s
分辨率	1628(H) × 1236(V)	数据接口	以太网（100~1000Mbit/s）
帧率	20f/s @ 1628×1236	功耗	额定<3W（@ DC 12V）
传感器类型	1/1.8in Sony ICX274 AL/AQ CCD	镜头接口	C 接口
传感器尺寸	7.16mm×5.43mm	机械尺寸（L×W×H）	29mm×29mm×29mm（不含 C 接口）
像素尺寸	4.4μm×4.4μm	工作温度	0~+45℃
光谱	彩色	工作湿度	10%~80%
图像数据格式	Bayer RG8/Bayer RG12	重量	60g
信噪比	43dB		

对相机参数进行校核的过程如下。

由表 1-19 可知，传感器的横纵比为

$$M = \frac{1628 \times 4.4}{1236 \times 4.4} = 1.31715 \tag{1-3}$$

由于相机视野范围应保证宽度方向覆盖整个传送带宽度。已知传送带宽度为 350mm，因此对应视野范围长度为

$$M \times 350\text{mm} = 461\text{mm} \tag{1-4}$$

则视野范围为 461mm×350mm，与要求参数基本相符。横纵方向的标称分辨率分别为

$$461 \div 1628 = 0.2832\text{mm}, \quad 350 \div 1236 = 0.2832\text{mm} \tag{1-5}$$

这两个值均小于目标精度 0.5mm。由此可知该相机的分辨率满足要求。

工件运动速度为 100mm/s。本系统中要求在曝光时间内，工件运动距离不能超过 1mm。因此有曝光时间 $t < 1/100\text{s} = 10\text{ms}$，而这也在此相机的曝光时间内。

1.3.3 镜头

图 1-24 为透镜成像理论模型，其中，y 为物高，y' 为像高，U 为物距，V 为相距，f 为焦距。

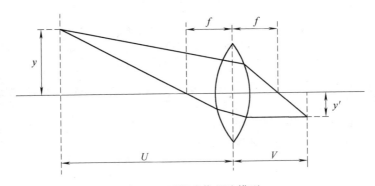

图 1-24 透镜成像理论模型

取物高 y 为 350mm（相机最大视野宽度），对应像高 y' 为 5.43mm（成像传感器的宽度），物距 U 的值为 800mm（对应于表 1-8 中的"拍摄距离"），下面通过这些参数以及镜头的成像原理计算镜头焦距。由几何关系可知

$$\frac{1}{U} + \frac{1}{V} = \frac{1}{f} \tag{1-6}$$

设比例系数 m 为

$$m = \frac{y'}{y} = \frac{V}{U} \tag{1-7}$$

将式（1-7）代入式（1-6），整理得

$$f = \frac{U}{1 + \frac{1}{m}} \tag{1-8}$$

计算可得

$$m = \frac{5.43\text{mm}}{350\text{mm}} = 0.0155 \tag{1-9}$$

$$f = \frac{800}{1 + \dfrac{1}{0.0155}}\text{mm} \approx 12.21\text{mm} \tag{1-10}$$

故取 $f = 12\text{mm}$。

镜头选型参考依据见表1-10。

根据表1-10选择镜头为500万像素（满足200万像素的要求）低畸变定焦镜头M1224-MPW2，其焦距为12mm，靶面尺寸为2/3in。

表1-10 镜头选型依据

焦距	12mm
传感器尺寸	1/1.8in[⊖]
分辨率	200万像素
镜头接口	C接口

1.3.4 光源

为提高工件与传送带背景的区分度，在拍摄中获得高品质、高对比度、轮廓清晰的图像，需采用额外的光源和照射方式。在机器视觉的光源应用上，LED灯具有成本低、性能稳定的特点且能够根据需求制成各种形状尺寸和照射角度。本书所用传送带和工件表面都比较光滑，导致容易发生镜面反射。在进行视觉识别时，若采用直射光照明，容易导致图像中有光点，影响识别效果；而漫射光照明，其光斑相对均匀，不易出现光点。因此采用漫射光的方式。图1-25为两种照明的反射示意图。

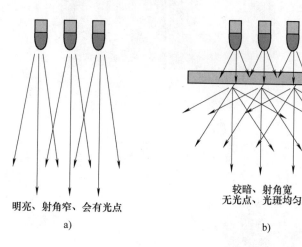

图1-25 直射光源和漫射光源
a) 直射光源 b) 漫射光源

本实验平台中采用的相机为彩色CCD传感器相机，为了与相机的频谱响应相适应，选择白光作为光源的颜色。

综上，系统采用白色漫射LED灯作为光源。

⊖ 1in = 25.4mm，后同。

1.3.5 视觉识别软件

视觉识别软件主要完成图像的采集和处理工作，包括数据采集处理、目标识别和定位等功能。在对图像进行采集过程中，需要对图像进行多次处理，下面介绍几种常用的图像处理算法。

滤波是数字图像处理中常见的一种操作，通过去除图像中的噪声和无效信息，提取出需要的有效信息。滤波通常在空间域或频率域下进行。空间域即用灰度或 RGB 描述的域，通常在空间域下常用的滤波算法有均值滤波和中值滤波；在频率域下常用的滤波算法有低通滤波和高通滤波。图 1-26 为人为添加噪声后的图像以及经过滤波算法计算后的结果。

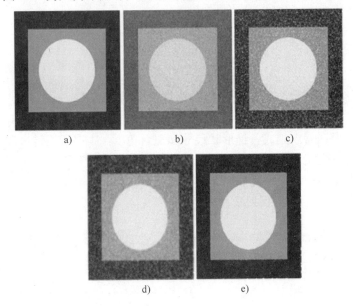

图 1-26　图像噪声与滤波

a）原图　b）添加高斯噪声　c）添加椒盐噪声　d）均值滤波处理　e）中值滤波处理

物体边缘是物体在图像中的重要特征，通过确定物体的边缘，可以确定物体的角点，从而为后续的角点匹配、尺寸计算和定位提供重要参考，边缘提取的效果如图 1-27 所示。

图 1-27　边缘提取

a）原图　b）边缘提取效果

角点是图像上特征最显著的点，对于图像分析有着重要意义。角点通常是灰度变化明显的分界点以及物体边缘曲线上曲率极大的点。以角点为特征，可以进行立体匹配和定位，以及尺寸计算与分类，如图1-28所示。

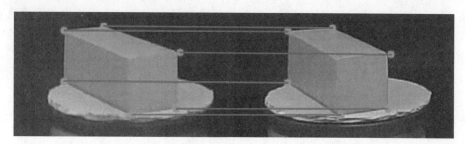

图1-28　角点匹配

摄像头采集到的数据经过机器视觉算法计算，先在图像中提取目标，然后进行直线或曲线检测，得到目标区域的角点特征，通过匹配角点，就可以得到目标物体各个角点的空间坐标，最后换算得到物体上目标点的空间坐标和位姿以及物体的尺寸信息，再在数据库中匹配出对应的零件类型。得到图像中目标零件的型号、尺寸、位姿等数据后，再通过与控制器通信发送给机器人。

1.4　测量臂系统

1.4.1　测量臂结构

在实验过程中，所使用的位置测量系统为一套关节臂式三坐标测量机，其主要目的是通过在线标定的方式来确定工件与工具以及各个工件之间的变换矩阵参数。同时还可以得到机器人的运动目标位置和定位精度。

如图1-29所示的关节臂式三坐标测量机一般由机械本体、信号采集、测量软件这三部分组成。机械本体由基座、关节部件、臂伸杆件、测头以及平衡部分组成。

一般的关节臂式三坐标测量机由3根连杆、6个活动关节和1个接触测头组成。3根连杆互相连接，其中一根连杆是固定臂，它安装在基座上以支持测量臂的其他部件。另外两根连杆可运动到空间任意位置，以适应测量的需要。测头安装在末端臂的尾部，两个测量臂之间为关节式连接，可进行空间回转。每个活动关节上都有角度传感器，当测量系统接收到触发测量信号时，就会读取角度

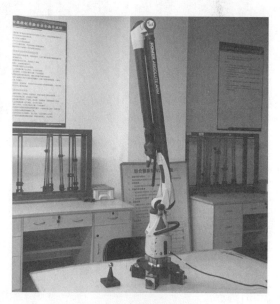

图1-29　测量臂外形

传感器测得的角度值，然后运行测量程序便得出测点的三维坐标值。

1.4.2 测量精度

测量臂有两个精度指标，分别是单点重复性精度和长度重复性精度，本书采用的测量机的单点重复位置精度为 0.059mm，空间位置精度为 0.075mm。可以通过测量臂自带标准尺上的锥孔尺寸来确认设备精度是否符合要求。

1.4.3 测量软件

实验中与测量臂配套的控制软件为 PC-DMIS。如图 1-30 所示为该测量软件的主界面。

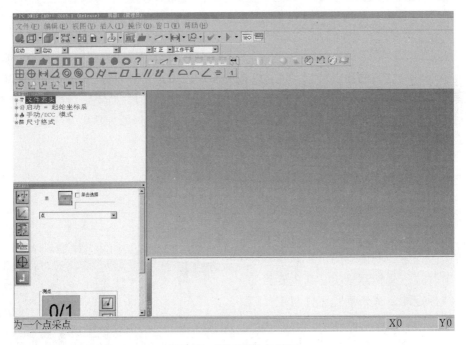

图 1-30 PC-DMIS 主界面

测量软件的主界面有交互式的提醒窗口，可定制的图标化工具条中包含了软件的主要功能，图标化工具条可以进行缩放，并且可以放置在窗口的任意位置，以方便浏览和调用。

如图 1-31 所示为多测头管理系统，它可以支持测头库中所有测头的自动校验，并以不同的文件名进行存储，以便后续软件调用。

三坐标系找正的方法：

① 通过"3-2-1 法"建立零件坐标系；

② 通过最佳拟合建立坐标系；

③ 通过"空间 6 点迭代法"建立坐标系，如图 1-32 所示。

此外，还可以针对不同的特征类型来设置不同的构造方法，包括：投影、相交、镜像、最佳拟合并重新修正误差、相切、平行、垂直、组合、移动、旋转、偏移线、偏离面，以及以原点作为构造基准等，如图 1-33 所示。

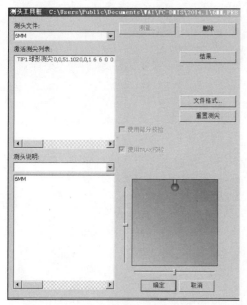

图 1-31　多测头管理系统

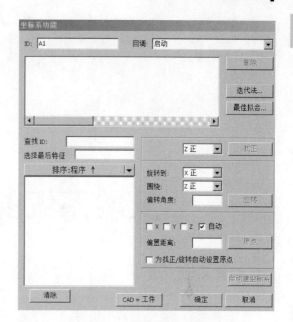

图 1-32　坐标系找正系统

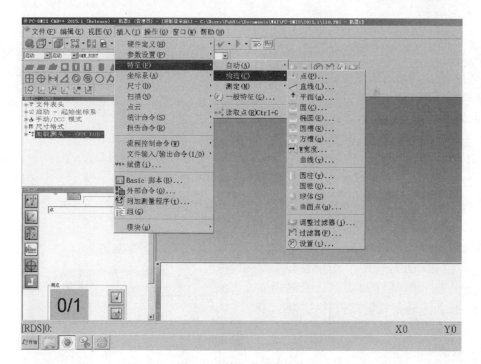

图 1-33　特征类型的构造

第 2 章

实验系统的基本操作

> **本章目标**
>
> 1. 掌握示教盒基本功能的使用。
> 2. 掌握利用示教盒控制机械臂的基本运动。
> 3. 掌握机器人控制软件的使用。

本章首先介绍机器人示教盒的使用，通过示教盒可以对机器人进行一些基本的设置和控制。然后，介绍与机器人配套的软件以及与并联机器人系统所配套的视觉系统操作方法。最后，介绍测量臂的使用方法。

2.1 示教盒的基本设置

示教盒是机器人的附属装置，也是手动控制机器人的必备装置。通过示教盒能够实现对机器人的手动运动控制，也能直接在示教盒上编写程序来控制机器人的关节运动，还能在示教盒上设置程序和夹具的参数、I/O 口信号的参数等。

在操作示教盒时，绝大多数的操作都是在触摸屏上进行的，但在示教盒上有时仍要通过一些按钮来执行特定的操作，如图 2-1 所示。

A：触摸屏。

B：急停开关：遇到紧急情况，按下急停开关，机械臂会立即停止运动。

C：使能按钮：用来控制电动机的起停。

D：手动操作摇杆：手动控制机械臂各

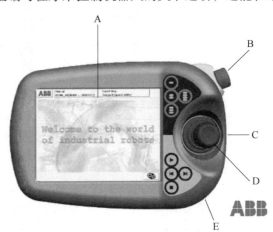

图 2-1 示教盒的基本组成

个关节的运动。

E：USB 接口。

示教盒的手持方式如图 2-2 所示，示教盒需要放在手腕上，并用四指靠着示教盒的使能按钮。因为在手动操作模式下，需要按下使能按钮才能保持"电机开启"⊖的状态，若遇到紧急情况，人的本能反应会松开四指，导致电动机关闭，机械臂停止运动，确保安全。

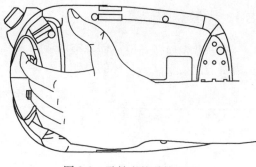

图 2-2　示教盒的手持方式

打开示教盒后，操作界面如图 2-3 所示，表 2-1 为操作界面中各选项的含义。

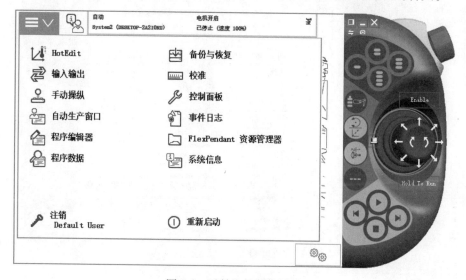

图 2-3　示教盒的操作界面

表 2-1　示教盒的操作界面含义

选项名称	说　明
HotEdit	对编程位置进行调节，仅用于已命名的 robtarget 类型的窗口
输入输出	设置并显示输入/输出信号表的窗口
手动操作	机械单元、动作模式、坐标系和有效载荷的设置窗口
自动生产窗口	自动模式下，运行程序的窗口
程序编辑器	在示教盒上对程序进行编辑的窗口
程序数据	编程时选择所需的程序数据的窗口
备份与恢复	对系统进行备份与恢复的窗口
校准	对转数计数器进行校准的窗口
控制面板	对示教盒进行基本设定的窗口
事件日志	查看系统提示信息的窗口
资源管理器	查看当前系统文件的窗口
系统信息	查看控制器及当前系统信息的窗口

⊖　为了与实际情况相符，此处保留"电机开启"的说法，表示电动机起动。

2.1.1 示教盒的语言设定

示教盒在出厂时，默认的显示语言是英语，为了使操作起来更加方便，可以在设置中将显示语言设定为中文，具体的操作见表2-2。

表2-2 示教盒的语言设定

序号	操作步骤	图 片 说 明
1	在操作界面中选择"Control Panel"选项	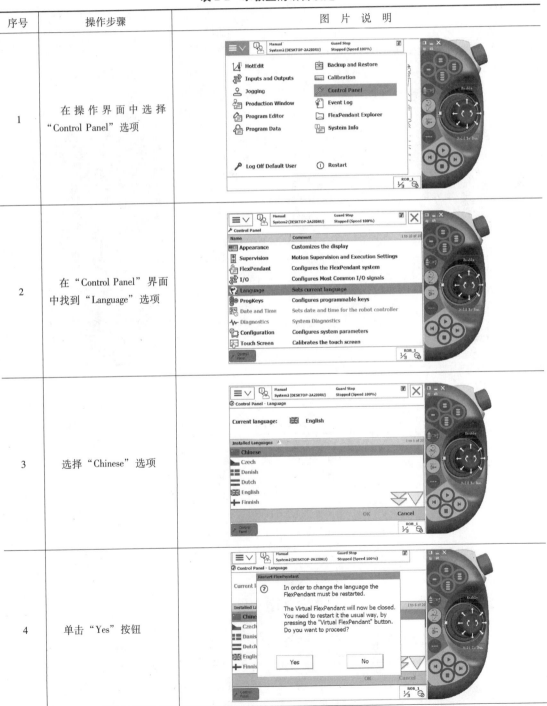
2	在"Control Panel"界面中找到"Language"选项	
3	选择"Chinese"选项	
4	单击"Yes"按钮	

（续）

序号	操作步骤	图 片 说 明
5	再次打开示教盒，显示语言已经变为中文	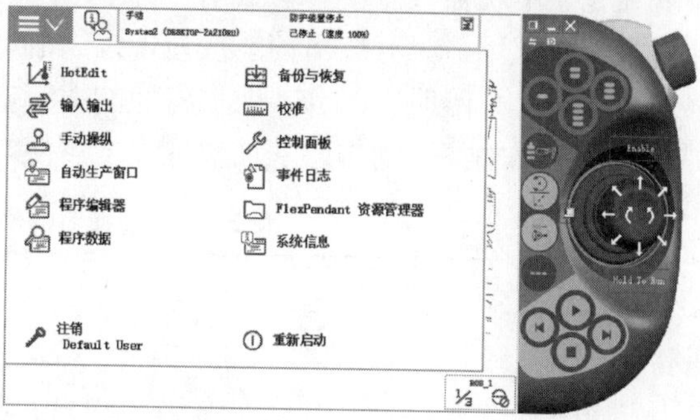

2.1.2 示教盒的时间设定

为了更加方便地进行文件的管理和故障的查阅，在进行具体操作之前需要将机器人系统的时间设定为本地区的时间，具体操作见表2-3。

表 2-3 示教盒的时间设定

序号	操作步骤	图 片 说 明
1	在操作界面中选择"Control Panel"选项	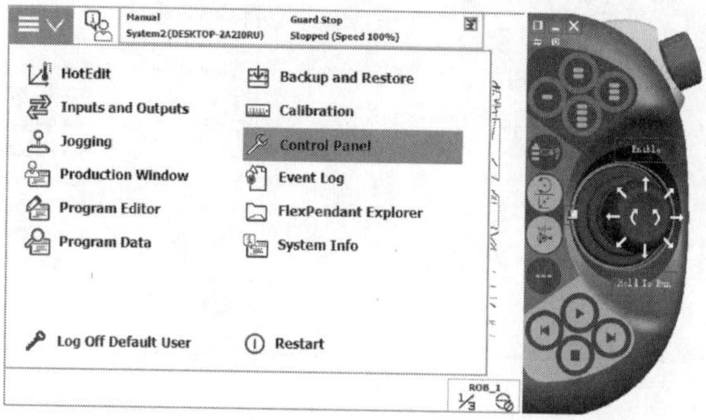
2	在"Control Panel"界面中找到"日期和时间"选项，即可进行修改	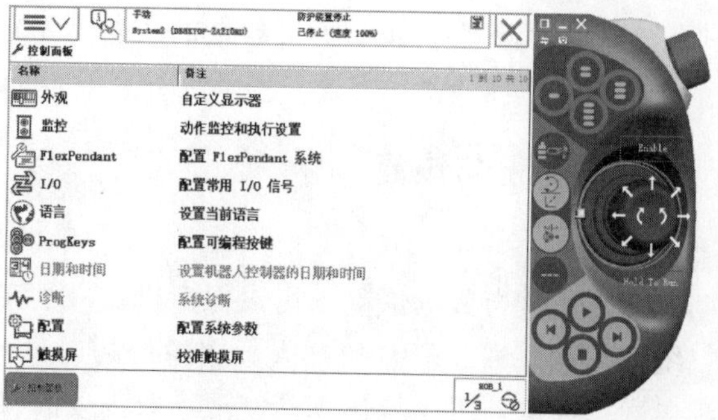

2.1.3 使能按钮的使用

使能按钮是工业机器人中为保证操作人员人身安全而设置的一种控制电动机开闭的装置。在手动操作模式下，只有按下使能按钮使控制电动机进入工作状态，才能通过示教盒来控制机械臂。当发生危险时，人会本能地将使能按钮松开或按紧，这两种情况都会导致电动机关闭，使机器人马上停止动作，从而保证安全。使能按钮的使用见表2-4。

表 2-4 使能按钮的使用

序号	操作步骤	图 片 说 明
1	未按下使能按钮时，界面最上方显示"防护装置停止"，此时电动机未工作	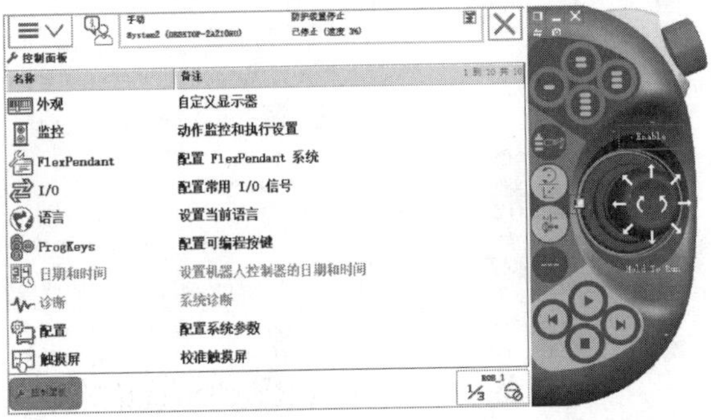
2	按下使能按钮时，界面最上方显示此时"电机开启"	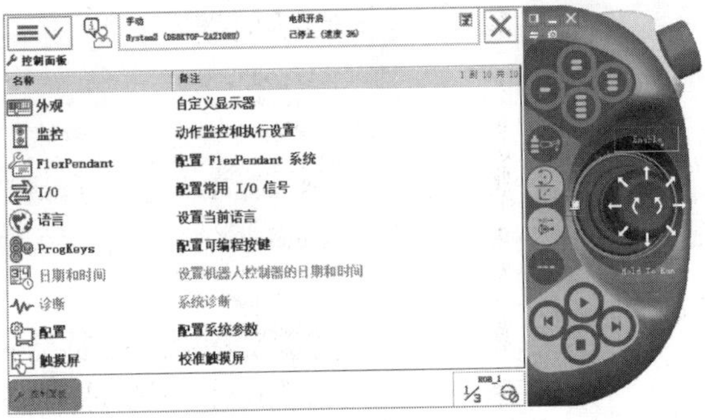

2.1.4 查看常用信息与日志

在操作机器人时，需要查看机器人目前的状态以及警告信息，可以通过示教盒界面上的状态栏进行查看。状态栏上显示了机器人的状态、系统信息、电动机状态、程序运行状态，以及当前机器人或外轴的使用状态。查看常用信息与日志的步骤见表2-5。

2.1.5 数据的备份与恢复

1. 数据备份

定期对机器人进行数据恢复，可以保证机器人的正常运行以及防止由于误操作而导致的机器人系统的数据丢失。ABB 机器人数据备份的对象是所有正在系统内存运行的 RAPID 程序和系统参数，当机器人系统出现紊乱或者重新安装操作系统后，可以通过备份快速地把机器人恢复到备份状态。数据备份的具体操作见表2-6。

表 2-5 查看常用信息与日志

序号	操作步骤	图 片 说 明
1	单击界面上方的状态栏窗口	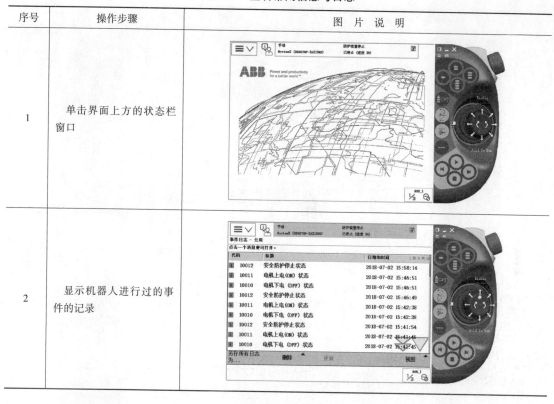
2	显示机器人进行过的事件的记录	

表 2-6 数据的备份

序号	操作步骤	图 片 说 明
1	在操作界面中选择"备份与恢复"选项	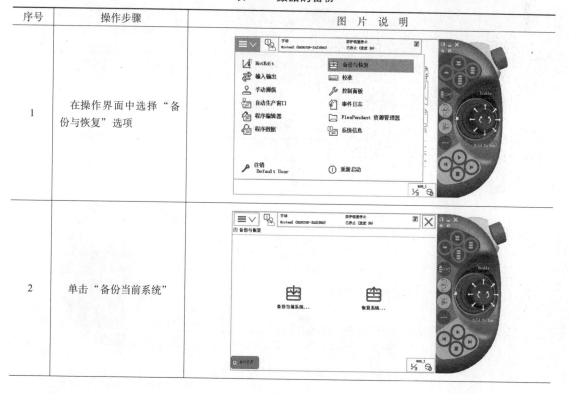
2	单击"备份当前系统"	

（续）

序号	操作步骤	图片说明
3	命名"备份文件夹"和选定"备份路径"，选择完成后单击"备份"进行备份操作	
4	等待备份完成	

2. 数据恢复

数据恢复的具体操作见表2-7。

表2-7 数据的恢复

序号	操作步骤	图片说明
1	在操作界面中选择"备份与恢复"选项	

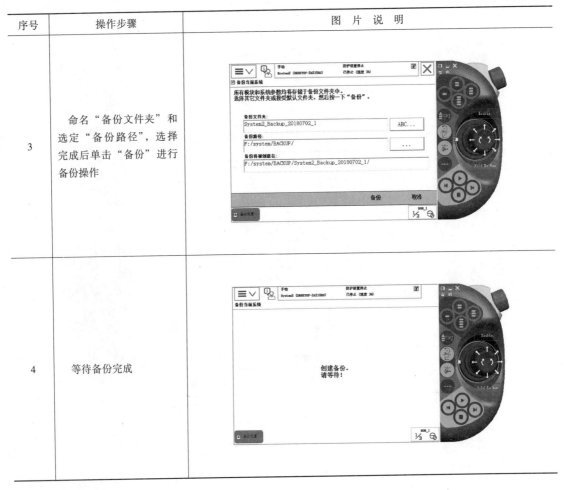

第2章 实验系统的基本操作

（续）

序号	操作步骤	图片说明
2	单击"恢复系统"	
3	选择备份系统存放的目录，然后单击"恢复"	
4	单击"是"按钮	
5	系统正在恢复，恢复完成后会重新启动控制器	

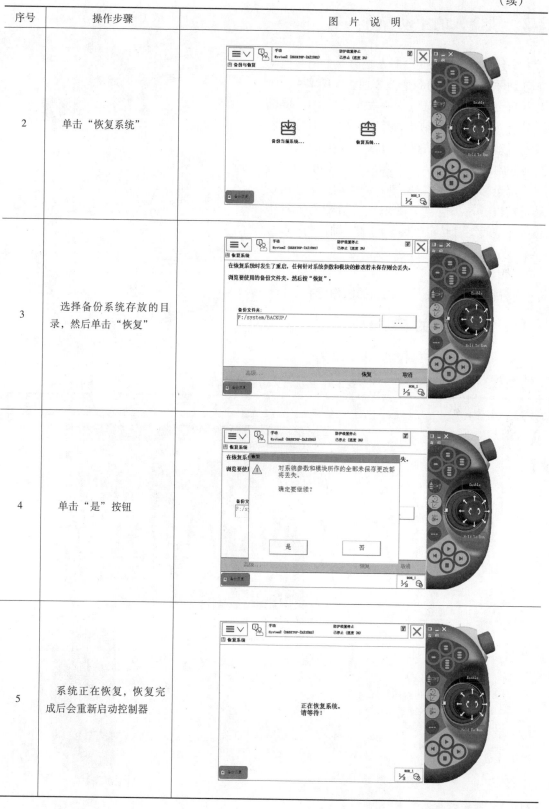

2.2 机器人的手动操作

一般地,6自由度机器人是由6个伺服电动机分别驱动机器人的6个关节轴。如图2-4所示为6自由度机器人对应的各关节示意图。单轴运动是指每个关节轴由控制器控制独立运动;线性运动是指安装在机器人法兰盘上的末端执行器的工具中心点(Tool Center Point,TCP)在给定坐标系下沿X、Y和Z轴运动;重定位运动是指机器人法兰盘上的末端执行器的工具中心点在空间绕着给定坐标系的坐标轴运动。

2.2.1 机器人状态切换

将机器人切换成手动状态的操作见表2-8。

2.2.2 单轴运动的手动操作

单轴运动的具体操作过程见表2-9。

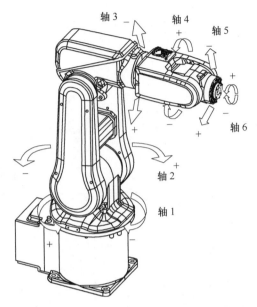

图2-4 6自由度机器人对应的各关节示意图

表2-8 将机器人切换成手动状态

序号	操作步骤	图片说明
1	将控制柜上机器人的状态钥匙切换到中间的手动限速状态	
2	在示教盒的状态栏中,确认机器人的状态已切换为"手动"	

表 2-9 单轴运动的具体操作

序号	操作步骤	图 片 说 明
1	在操作界面中选择"手动操纵"选项	
2	单击"动作模式",注意选取正确的工具坐标系和工件坐标系	
3	选择"轴1-3"和"轴4-6"可以分别控制轴1~3和轴1~6	
4	按下使能键,状态栏上显示"电机开启",即可用操纵杆控制各轴运动	

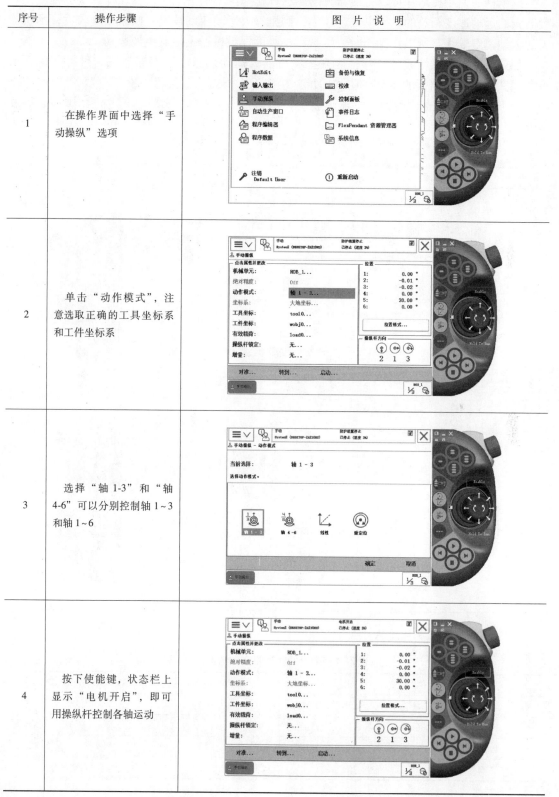

操纵杆的使用技巧:可以将机器人的操纵杆比作汽车的节气门,操纵杆的操纵幅度是与机器人的运动速度相关的。操纵幅度较小,则机器人运动速度较慢;操纵幅度较大,则机器人的运动速度较快。所以在操作时,尽量以小幅度操纵机器人使其慢慢运动。

如果对使用操纵杆通过位移幅度来控制机器人运动的速度还不够熟练,可以使用"增量"模式来控制机器人的运动。在"增量"模式下,操纵杆每位移一次,机器人就走一步。如果操纵杆持续 1s 或数秒钟,机器人就会持续移动。选择"增量"模式的具体步骤见表 2-10。

表 2-10 选择"增量"模式

序号	操作步骤	图 片 说 明
1	在手动操纵的界面下选择"增量"	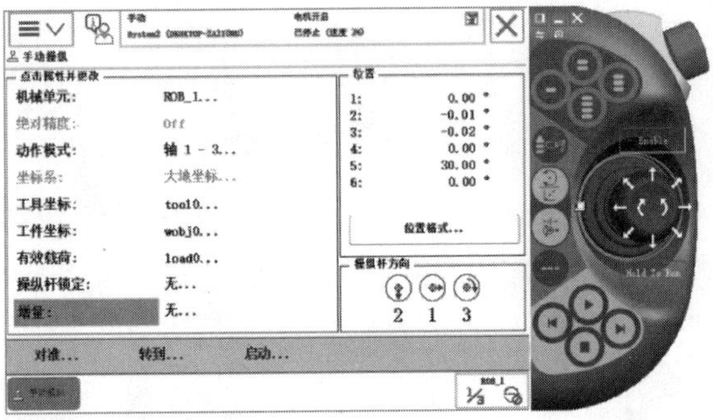
2	根据需要选择移动的距离然后单击"确定"	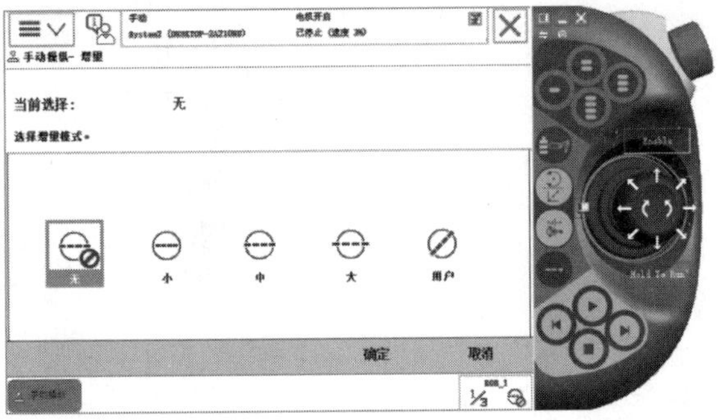

增量的移动距离和角度大小见表 2-11。

表 2-11 增量的移动距离和角度大小

序号	增量	移动距离/mm	角度/(°)
1	小	0.05	0.005
2	中	1	0.02
3	大	5	0.2
4	用户	自定义	自定义

2.2.3 线性运动的手动操作

线性运动是指安装在机器人法兰盘上的末端执行器的工具中心点在给定的坐标系下沿 X、Y 和 Z 轴运动,具体的操作过程见表 2-12。

表 2-12 线性运动的具体操作

序号	操作步骤	图 片 说 明
1	在操作界面中选择"手动操纵"选项	
2	单击"动作模式",注意选取正确的工具坐标系和工件坐标系	
3	选择"线性"运动模式	

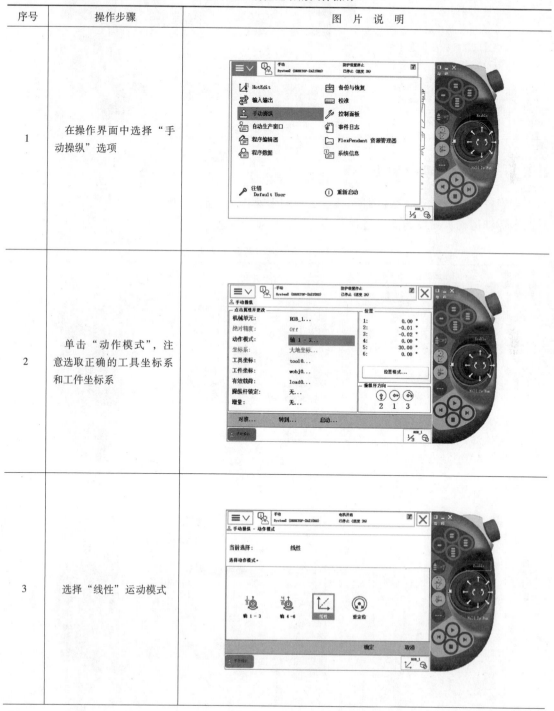

（续）

序号	操作步骤	图片说明
4	按下使能键，状态栏上显示"电机开启"，即可通过操纵杆控制工具中心点做线性运动	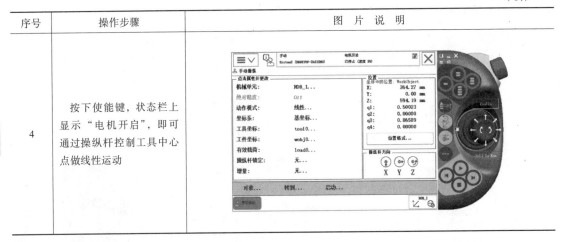

2.2.4 重定位运动的手动操作

重定位运动是指安装在机器人法兰盘上的末端执行器的工具中心点在空间绕着给定坐标系的坐标轴运动。具体的操作过程见表2-13。

表 2-13 重定位运动的具体操作

序号	操作步骤	图片说明
1	在操作界面中选择"手动操纵"选项	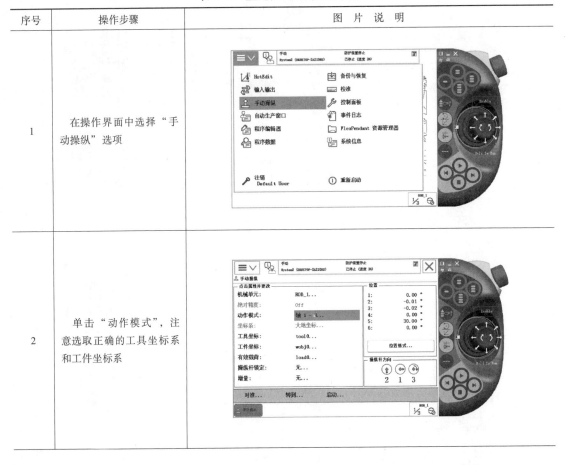
2	单击"动作模式"，注意选取正确的工具坐标系和工件坐标系	

（续）

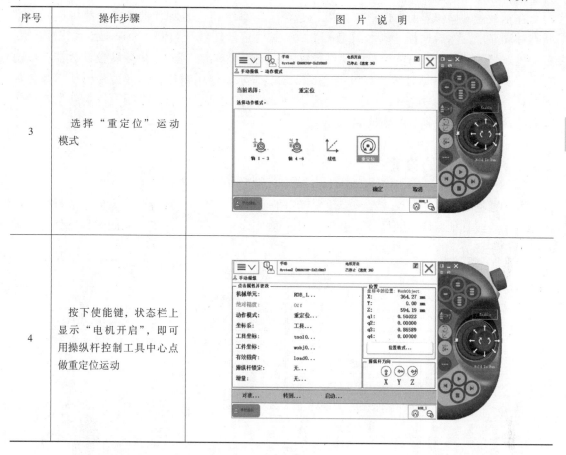

序号	操作步骤	图片说明
3	选择"重定位"运动模式	
4	按下使能键,状态栏上显示"电机开启",即可用操纵杆控制工具中心点做重定位运动	

2.2.5 转数计数器更新操作

机器人的转数计数器通过独立的电池供电,用来记录各个轴的角度数据。如果机器人提示电池没电,或者在断电的情况下机器人手臂移动了,这时候就需要对计数器进行更新,否则机器人的运行位置将是不准确的。

转数计数器的一个重要作用是将机器人的各个轴复位到机械原点,操作方式就是把各轴上的刻度线和对应的机械原点槽对齐,然后在示教盒里进行校准更新。ABB 机器人的 6 个关节轴都有一个机械原点位置。在以下情况下,需要对机械原点的位置进行转数计数器的更新操作:

1) 更新伺服电动机转数计数器的电池后。
2) 当转数计数器发生故障,修复后。
3) 转数计数器与测量板之间断开过以后。
4) 断电后,机器人关节轴发生了移动后。
5) 当系统报警提示"10036 转数计数器更新"时。

在进行机器人标定时,必须严格按照升序顺序校准轴,即按照 1 至 6 轴的顺序。首先,手动操作机器人至校准位置,微调待校准的机器人轴,使其接近正确的校准位置。然后,进行更新转数计数器的操作。

在示教盒的操作界面中选择"校准"选项,与系统相连的所有机械单元都将连同校准状态一同显示。然后选择"转数计数器",单击"更新转数计数器",将显示一个对话框,警告更新转数计数器有可能会改变预设操纵器的位置:单击"是",更新转数计数器;单击"否",则取消更新转数计数器。单击"是"后,显示轴显示窗口,选择需要更新转数计数器的轴;勾选左边的复选框;单击"全选",更新所有的轴。单击"更新"以更新选定的转数计数器,并取消轴列表中勾选的项。

2.3 程序数据的设定

程序数据是在程序模块或系统模块中设定的值和定义的一些环境数据。创建的程序数据由同一模块或其他模块中的指令来进行引用。根据不同的用途,定义了不同的程序数据,表2-14 给出了部分程序数据的说明。

表 2-14 程序数据说明

程序数据	说明	程序数据	说明
bool	布尔量	byte	整数数据 0~255
clock	计时数据	dionum	数字输入/输出信号
extjoint	外轴位置数据	intnum	中断标志符
jointtarget	关节位置数据	loaddata	负荷数据
mecunit	机械装置数据	num	数值数据
orient	姿态数据	pos	位置数据(X、Y、Z)
pose	坐标转换	robjoint	机器人轴角度数据
robtarget	机器人与外轴的位置数据	speeddata	机器人与外轴的速度数据
string	字符串	tooldata	工具数据
trapdata	中断数据	wobjdata	工件数据
zonedata	TCP 转弯半径数据		

常用的程序数据存储类型有三种:变量(VAR);可变量(PERS);常量(CONST)。在程序执行的过程中,变量型数据会保持当前被赋予的值,但如果程序指针被移到主程序之后则会使数值丢失(相当于一个局部变量)。可变量最大的特点是:无论程序的指针如何移动,可变量都会保持最后被赋予的值(相当于一个全局变量)。常量的特点是在定义时已经被赋予了值,而且在程序中,并不能修改它的值,即在程序中不允许赋值操作,除非手动修改。

2.3.1 建立程序数据

建立程序数据的方法一般有两种:第一种是直接在示教盒中新建程序数据;第二种是在建立程序指令时,同时自动生成对应的程序数据。接下来将介绍第一种方式的具体步骤(见表 2-15)。

表 2-15 在示教盒中新建程序数据

序号	操作步骤	图 片 说 明
1	在操作界面中选择"程序数据"选项	
2	选择一个数据类型"num",然后单击"显示数据"	
3	单击"新建",建立程序数据	
4	修改变量的名称,并选择对应的参数,单击"确定"完成设定	

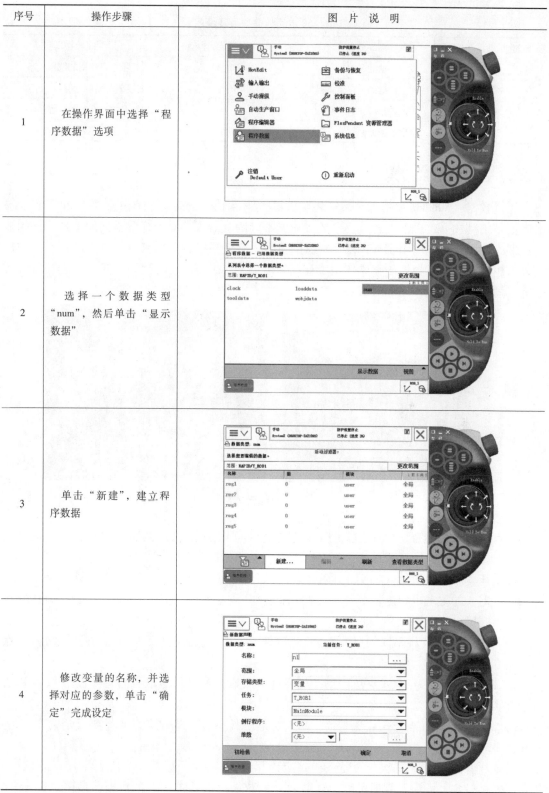

设定的数据参数及说明见表2-16。

表2-16 设定的数据参数及说明

设定的数据参数	说明	设定的数据参数	说明
名称	设定数据的名称	范围	设定数据可使用的范围
存储类型	设定数据的可存储类型	任务	设定数据所在的任务
模块	设定数据所在的模块	例行程序	设定数据所在的例行程序
维数	设定数据的维数	初始值	设定数据的初始值

2.3.2 工具数据的设定

工具数据（tooldata）用于描述安装在机器人第6轴上的工具的TCP、质量和重心等参数数据。工具数据是机器人的重要参数，一般不同的机器人会应用配置不同的工具，比如弧焊机器人使用弧焊枪作用工具；搬运板材的机器人会使用吸盘式的夹具作用工具；本书的机器人使用一种功能复合性的夹具作用工具，如图2-5所示，工具的种类多样，但主要目的还是为了满足机器人操作功能的需求。

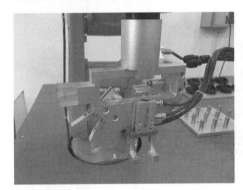 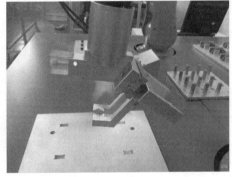

图2-5 夹具示意图

所有机器人都会有一个预定义的工具坐标系tool0，这个工具坐标系的原点位于机器人安装法兰的中心。如图2-6所示，图中的A点就是原始的TCP。

在执行程序时，机器人将TCP移至编程位置。这意味着，如果要更换工具以及工具坐标系，机器人的移动也将随之更改，以便新的TCP到达目标。TCP的设定方法根据其取点数量的不同可分为以下三种。

1) 4点法：以4种不同的机器人姿态尽可能地与参考点碰上，第四点用工具的参考点垂直于固定点。

2) 5点法：前四点与4点法一致，第五点是工具参考点从固定点向将要设定为TCP的X方向移动。

3) 6点法：前五点与5点法一致，第六点是工具参考点从固定点向将要设定为TCP的Z方向移动。

需要注意的是，前三个点的姿态相差应该尽量大一些，这样有利于提高TCP的精度。机器人通过采集点的位置数据可以计算出TCP的数据，然后将TCP的数据保存在tooldata这

第 2 章
实验系统的基本操作

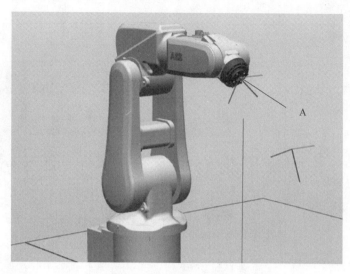

图 2-6 机器人预定义坐标系

个程序数据中进行调用。建立一个新的工具数据的具体操作见表 2-17。

表 2-17 建立新的工具数据（tooldata）

序号	操作步骤	图 片 说 明
1	在操作界面中选择"手动操纵"选项	
2	单击"工具坐标"	

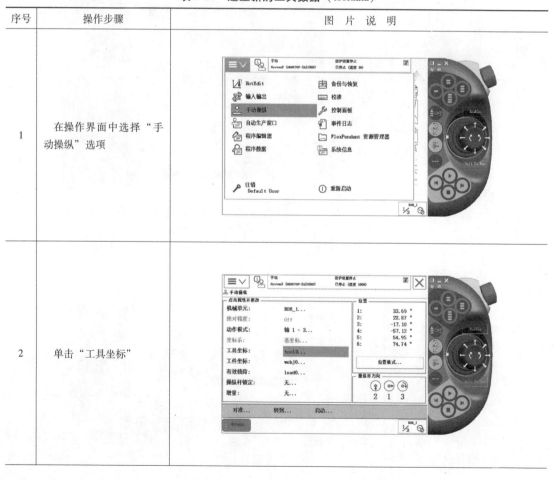

(续)

序号	操作步骤	图片说明
3	单击"新建",进入新建工具坐标系的界面	
4	更改工具坐标系的相关属性,然后单击"确定"	
5	单击"tool1",然后单击"编辑"→"定义",进入下一步	
6	在"方法"中选择"TCP 和 Z, X",使用 6 点法来设定 TCP	

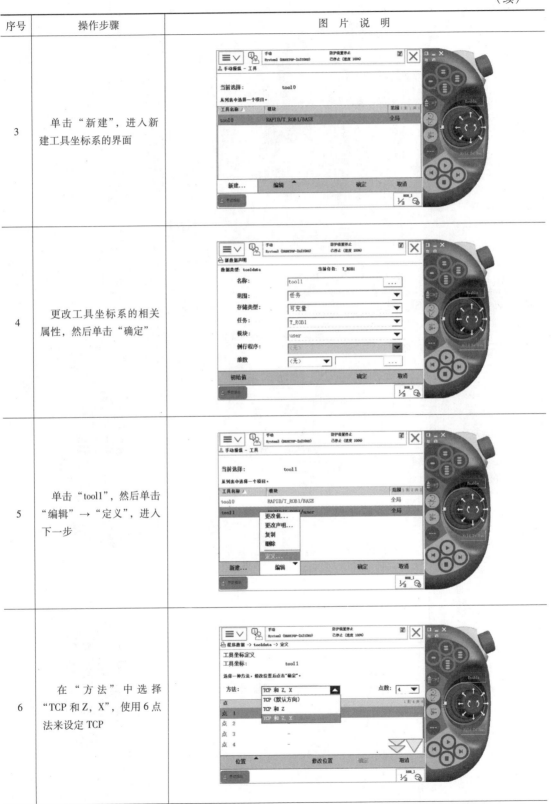

（续）

序号	操作步骤	图片说明
7	按下使能键，选择合适的运动方式，控制机器人执行器的末端靠向固定点，将此时的位置记为位置1	
8	单击"点1"，然后单击"修改位置"，以记录当前位置	
9	控制机器人，使机器人以另一个姿态靠向固定点	
10	单击"点2"，然后单击"修改位置"，以记录当前位置	

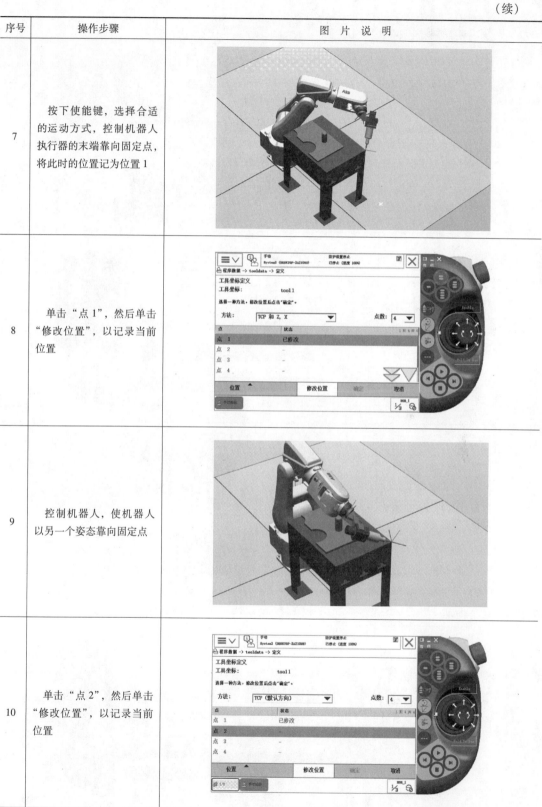

（续）

序号	操作步骤	图片说明
11	控制机器人，使机器人以另一个姿态靠向固定点。注意三次的姿态应尽量有较大差别	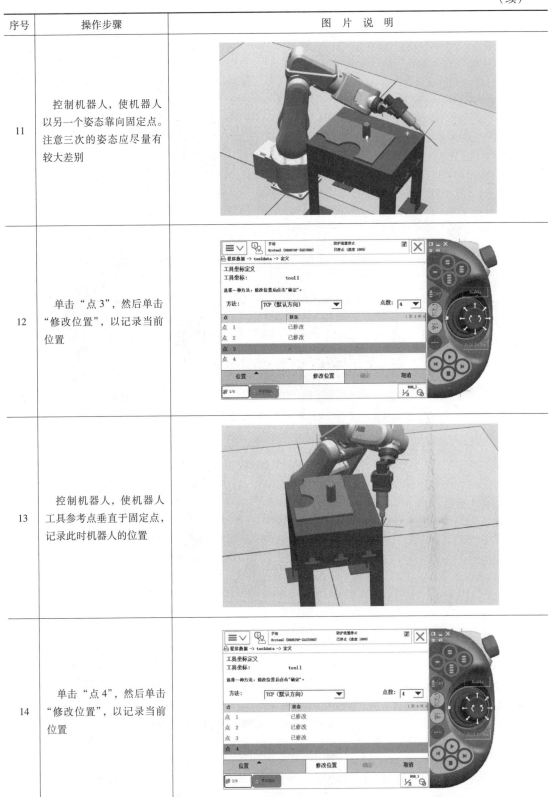
12	单击"点3"，然后单击"修改位置"，以记录当前位置	
13	控制机器人，使机器人工具参考点垂直于固定点，记录此时机器人的位置	
14	单击"点4"，然后单击"修改位置"，以记录当前位置	

第 2 章 实验系统的基本操作

（续）

序号	操作步骤	图片说明
15	以第4点为固定点，在线性运动模式下，操控机器人向前移动一定的距离，作为X轴的正方向	
16	单击"延伸器点X"，然后单击"修改位置"，以记录当前位置	
17	以第4点为固定点，在线性运动模式下，操控机器人向上移动一定的距离，作为Z轴的正方向	
18	单击"延伸器点Z"，然后单击"修改位置"，以记录当前位置	

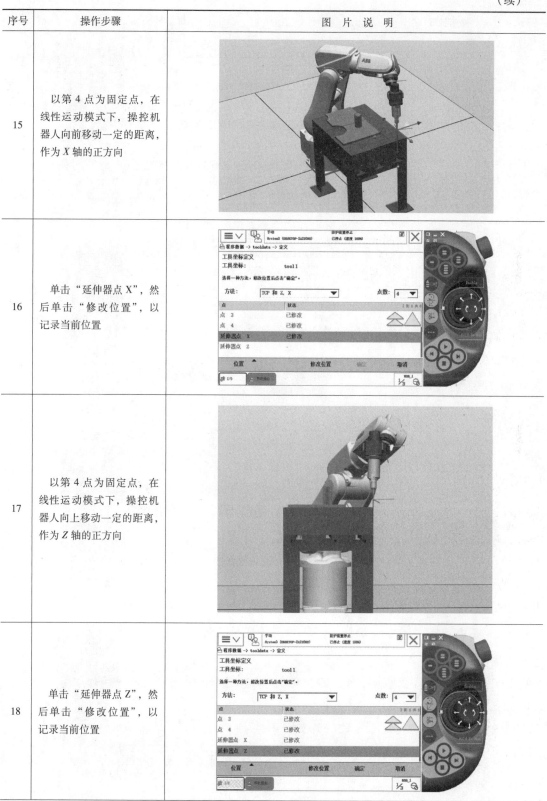

（续）

序号	操作步骤	图 片 说 明
19	单击"确定"完成TCP的定义	
20	机器人自动计算TCP的标定误差，当平均误差在0.5mm以内时，才可单击"确定"，否则重新标定TCP	
21	单击"tool1"，然后单击"编辑"→"更改值"	
22	找到名称为"mass"的值，其含义为工具的质量，本例中将"mass"的值改为"0.5"	

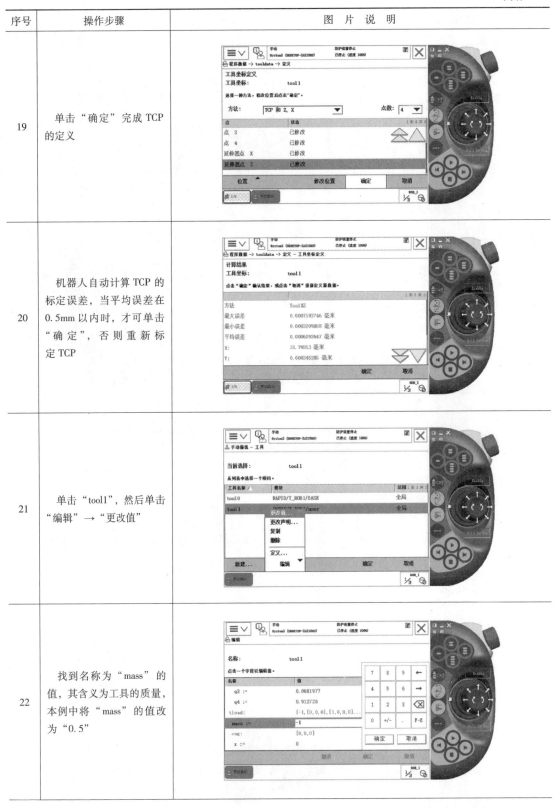

(续)

序号	操作步骤	图片说明
23	"x""y""z"的数值是工具重心基于"tool0"的偏移量,单位为mm,设定的值如右图所示,然后单击"确定"返回到工具坐标系界面	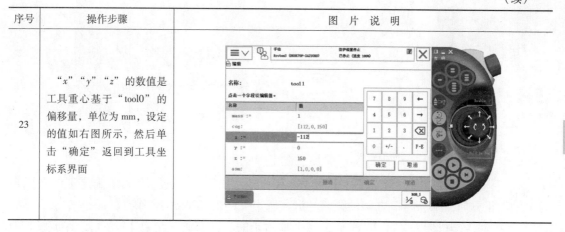

2.3.3 工件坐标系的设定

工件坐标系是建立在工件上的坐标系,它定义了工件相对于大地坐标的位置。当机器人平台拥有多个工件台时,可以分别建立工件坐标系来表示不同的工件。对机器人进行编程时就是在工件坐标系中创建目标和路径,如此可以具有很多优点:

1) 在重新定位工作站中的工件时,只需要更改工件坐标的位置,就可以使所有的路径即刻随之更新。

2) 允许操作以外部轴或传送导轨移动的工件,整个工件可同路径一起移动。

如图 2-7 所示,A 是机器人的大地坐标,为了方便编程,给第一个工件建立一个工件坐标 B,并在这个工件坐标 B 中进行轨迹编程。如果工件台上还有一个同样的工件需要走这样的轨迹,只需要建立一个工件坐标系 C,将工件坐标系 B 中的轨迹复制一份,然后将工件坐标由 B 更新为 C,不必再对同样的工件进行重复轨迹编程了。

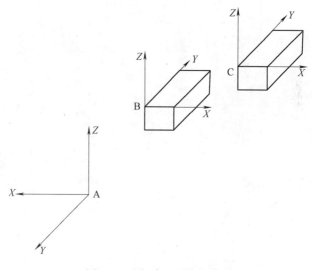

图 2-7 重复建立工件坐标系

如图 2-8 所示,如果在工件坐标 B 中对 A 进行了编程,当工件坐标的位置变化成工件坐标 D 后,只需在机器人系统重新定义工件坐标 D,则机器人的轨迹就可以自动更新到 C 了,不需要再次进行轨迹编程,因为 A 相对于 B 与 C 相对于 D 的关系是一样的,并没有因为整体偏移而发生变化。

对工件坐标系进行设定时,通常采用 3 点法。如图 2-9 所示,只需在对象表面的位置或工件边缘的角位置上定义 3 个点位置,就可以创建一个工件坐标系,其设定原理如下:

1) 手动操作机器人,在工件表面或边缘角位置找到一个点 X1,作为坐标系的原点。

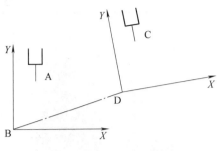

图 2-8 坐标系之间的改变

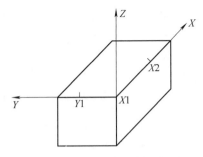

图 2-9 3点法定义工件坐标系

2)手动操作机器人,沿着工件表面或边缘找到一点 $X2$,通过 $X1$、$X2$ 确定工件坐标系的 X 轴的正方向($X1$ 和 $X2$ 之间的距离越远,所定义的坐标轴就越精确)。

3)手动操作机器人,在 XY 平面上且 Y 值为正的方向找到一个点 $Y1$,确定坐标系 Y 轴的正方向。Z 轴由右手定则可确定。

建立一个新的工件坐标系的具体步骤见表 2-18。

表 2-18 建立新的工件坐标系

序号	操作步骤	图 片 说 明
1	在操作界面中选择"手动操纵"选项,然后单击"工件坐标"	
2	单击"新建",进入新建工件坐标系的界面	

（续）

序号	操作步骤	图片说明
3	更改工件坐标系的相关属性，然后单击"确定"	
4	单击"wobj1"，然后单击"编辑"→"定义"，进入下一步	
5	将"用户方法"修改为"3点"（即3点法）	
6	手动线性操作机器人工具参考点使其靠近所定义工件坐标系的点 $X1$	

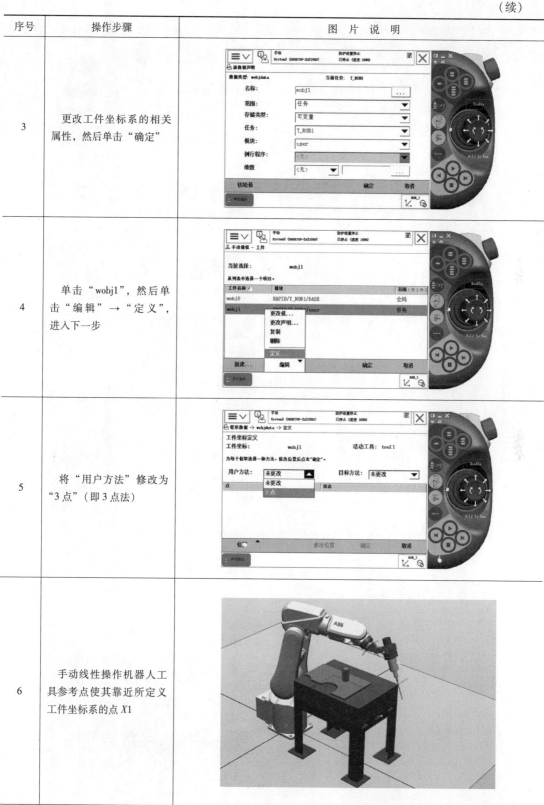

(续)

序号	操作步骤	图片说明
7	单击"用户点 X1",然后单击"修改位置",以点 X1 作为工件坐标系的原点	
8	手动线性操作机器人工具参考点使其靠近所定义工件坐标系的点 X2	
9	单击"用户点 X2",然后单击"修改位置",通过 X1、X2 确定工件坐标系的 X 轴正方向	
10	手动线性操作机器人工具参考点使其靠近所定义工件坐标系的点 Y1	

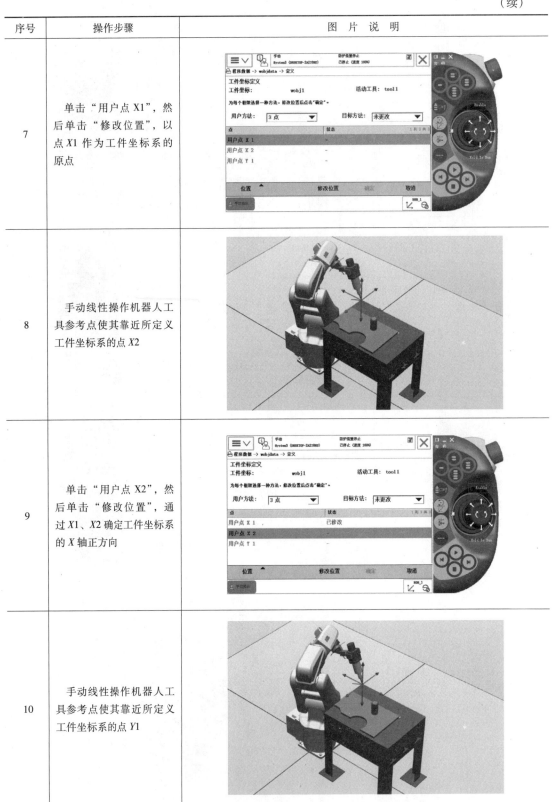

（续）

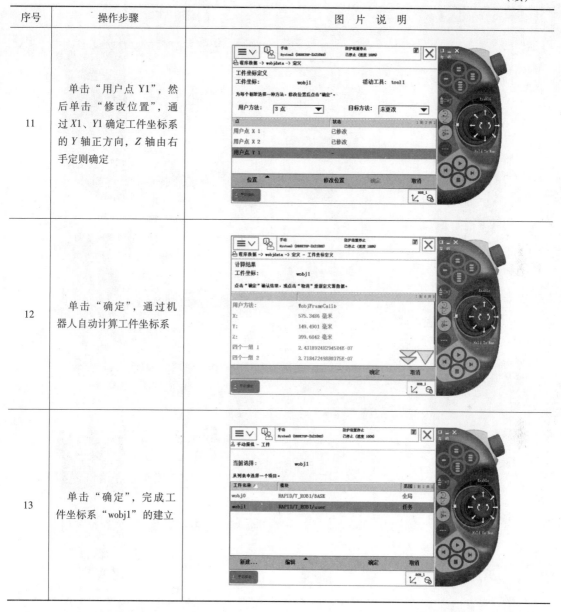

序号	操作步骤	图片说明
11	单击"用户点 Y1",然后单击"修改位置",通过 X1、Y1 确定工件坐标系的 Y 轴正方向,Z 轴由右手定则确定	
12	单击"确定",通过机器人自动计算工件坐标系	
13	单击"确定",完成工件坐标系"wobj1"的建立	

2.3.4 有效载荷的设定

对于搬运机器人,需要设定有效载荷(loaddata),因为对于搬运机器人而言,其手臂所承受的重量是不断变化的,所以不仅要正确设定夹具和重心数据tooldata,还要设置搬运对象的质量和重心数据loaddata。有效载荷数据记录了搬运对象的质量和重心的数据。有效载荷的数据应该根据实际情况进行设定。如果机器人不用于搬运,则loaddata就默认设置为"load0"。

设定有效载荷的具体步骤见表2-19。

表 2-19 设定有效载荷

序号	操作步骤	图 片 说 明
1	在操作界面中选择"手动操纵"选项，然后单击"有效载荷"	
2	单击"新建"，进入新建有效载荷的界面	
3	更改工件坐标系的相关属性，单击"初始值"	
4	根据实际情况对各参数进行设定，然后单击"确定"	

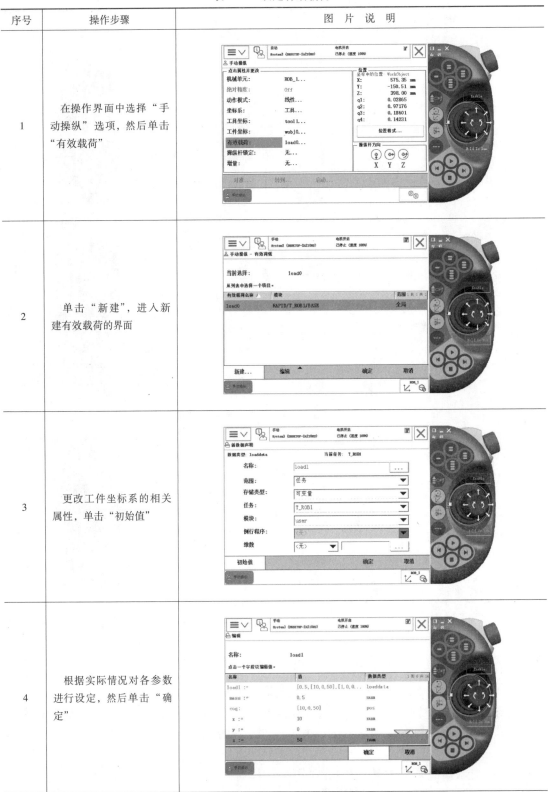

（续）

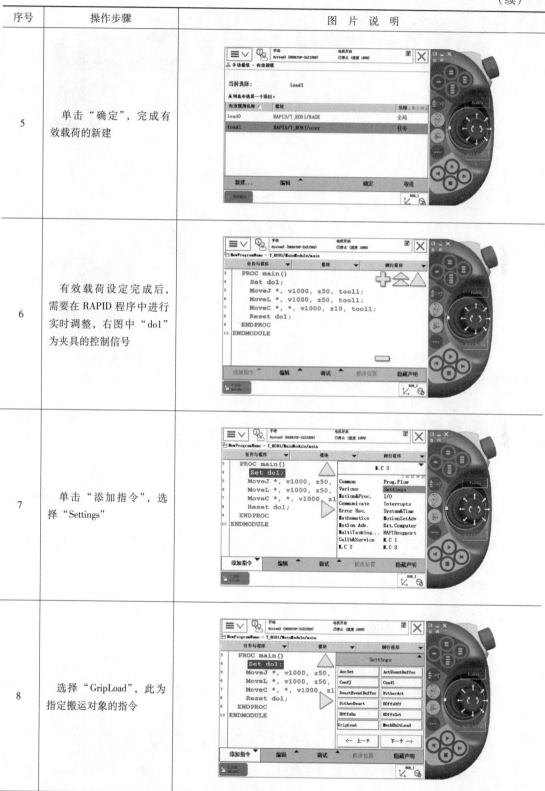

序号	操作步骤	图片说明
5	单击"确定",完成有效载荷的新建	
6	有效载荷设定完成后,需要在 RAPID 程序中进行实时调整,右图中"do1"为夹具的控制信号	
7	单击"添加指令",选择"Settings"	
8	选择"GripLoad",此为指定搬运对象的指令	

(续)

序号	操作步骤	图 片 说 明
9	双击"load0",将其修改为"load1"	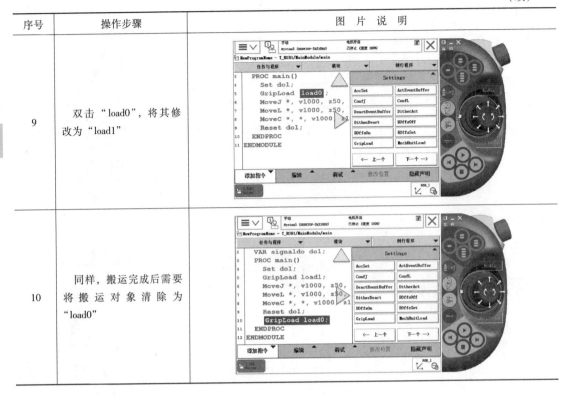
10	同样,搬运完成后需要将搬运对象清除为"load0"	

2.4 视觉系统的操作

2.4.1 配置 Integrated Vision

ABB 机器人的 Integrated Vision 系统插件提供了可靠且易用的图像系统,可以满足图像引导机器人应用的一般需求。

系统包括一套完整的软硬件解决方案,该方案可与 IRC5 机器人控制器及 RobotStudio 编程环境完全集成。图像功能基于 Cognex In-sight 智能摄像头家族,配有嵌入式图像处理功能和以太网通信接口。RobotStudio 配备图形编程环境,可调用带有 Cognex EasyBuilder 功能的全调色板,同时还具备部件位置、部件检查和识别的可靠工具。RAPID 编程语言已经添加了摄像头操作、图像引导专用指令和错误追踪功能。

视觉系统硬件之间的连接如图 2-10 所示:

其中,A 为以太网,B 为从客户电源接入到网关和摄像头的 24V 电源,C 为网关和控制器机柜服务端口(内部)之间的以太网连接,D 为网关和主计算机服务端口之间的以太网连接。

图 2-10 中硬件的连接步骤如下:

1) 确保控制器电源开关已经关闭。

2) 将以太网电缆从控制器机柜服务端口(内部)连接到交换机上 4 个以太网接口中的一个。

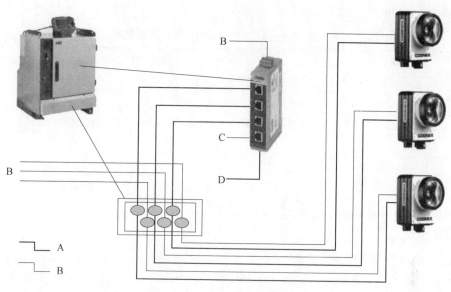

图 2-10 视觉系统硬件连接图

3）通过控制器机柜上的电缆密封套将以太网电缆从每个摄像头连接到交换机上的任何可用的以太网接口。

4）通过控制器机柜上的电缆密封套将 24V 直流电源的电缆从每个摄像头连接到 24V 直流电源。

在 RobotStudio 中，Integrated Vision 图形用户界面的概况如图 2-11 所示。

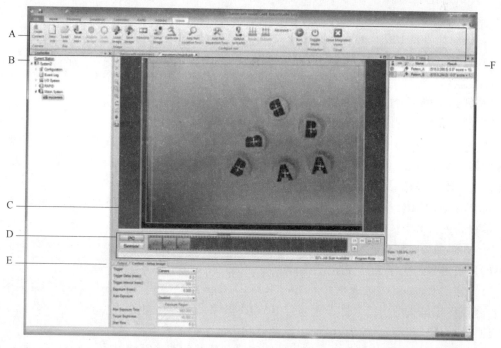

图 2-11 Integrated Vision 图形用户界面

Integrated Vision 图形用户界面的说明见表 2-20。

表 2-20 Integrated Vision 图形用户界面说明

部件名称		描 述
A	菜单条	根据不同的功能类型，分组显示图标
B	控制器浏览器	图像系统节点会显示网络中的所有摄像头
C	图像采集和配置区域	显示由摄像头获取到的图像，附带有定位和检查部件的说明
D	胶卷工具条	用于记录一系列图像以便于分析
E	上下文窗口	包含所选控件的可用属性、设置以及事件
F	调色板窗口	结果选项卡：显示活动图像作业的设置以及所有已使用位置和检查工具的列表 I/O 选项卡：显示 I/O 设置

配置 Integrated Vision 的基本步骤如下。

1. 配置摄像头并连接到摄像头

当所有的摄像头都连接好后，需要为每个摄像头配置一个 IP 地址和一个名称。摄像头的 IP 地址默认由控制器使用动态主机配置协议（Dynamic Host Configuration Protocol，DHCP）自动分配，也可使用静态 IP 地址。摄像头名称在系统的所有部分（例如 RobotStudio、RAPID 程序）中作为一个唯一的识别符，这样就可以实现在不用修改程序的情况下修改摄像头的 IP 地址。

RobotStudio 中的 IRC5 控制器浏览器有一个叫图像系统的节点。用于配置和连接到摄像头。与摄像头的连接是通过机器人控制器实现的。摄像头可作为 FTP 远程加载磁盘连接。将摄像头分配给控制器的具体操作如下：

1）确保计算机的网卡已经设置为自动获取 IP 地址。
2）确保计算机上安装的防火墙已经关闭或允许与摄像头的通信。
3）将计算机连接到 IRC5 控制器的服务端口。
4）启动 RobotStudio，连接控制器并通过控制器请求写入权限。
5）转到菜单条的控制器选项卡并启动 Integrated Vision 插件。
6）转到菜单条的图像选项卡。
7）展开控制器浏览器中的图像系统节点，命名摄像头会显示其名称，未命名的摄像头则显示其 MAC 地址。（注：如果摄像头没有显示在图像系统列表，则有可能是摄像头的 IP 地址被设置成了另外的子网。）
8）右键单击摄像头并选择连接，来自摄像头的图像应该显示在图像采集和配置区域的一个单独的选项卡中，使用摄像头图像识别正确的摄像头。
9）如果需要，可单击"Acquire Image"按钮来更新图像。
10）右键单击摄像头并选择"Rename"。
11）在"Rename"对话框中，在"RAPID Camera Name"字段中输入摄像头名称。（注：建议将摄像头的主机名称设置为与 RAPID 摄像头的名称相同。）
12）重启控制器和摄像头。（注：控制器和摄像头都需要重启。）
13）配置好的摄像头现在应该显示在控制器浏览器的图像系统节点。（注：配置好的摄像头的名称存储在控制器的系统参数中，主题为"Communication"，IP 地址设置则存储在摄像头中。)

2. 其他摄像头配置

摄像头的 IP 地址可以在网络设置对话框中修改，建议将摄像头的主机名设置为与配置对话框中给出的 RAPID 摄像头名称一样的名称。更改网络设置和摄像头主机名的具体步骤如下：

1）选择控制器浏览器中的图像系统节点中的摄像头。

2）单击"连接按钮"下拉菜单并选择"网络设置"。

3）设置与控制器和计算机处于同一个子网的固定 IP 或启用动态主机配置协议（DHCP）。

4）建议将摄像头的"Host Name"（主机名称）设置为与"Configuration"（配置）对话框中给出的 RAPID 摄像头名称相同的名称。（注：请勿更改 Telnet 端口或其他设置。）

5）单击"确定"，重启摄像头和控制器。

如果摄像头的 IP 地址与控制器的计算机不处于同一个子网，则控制器浏览器中的图像系统节点上就不会显示摄像头，因此也就无法使用网络设置对话框来设置新 IP 地址。将摄像头连接到不同的子网的操作步骤如下：

1）单击"连接按钮"下拉列表菜单并选择"添加传感器"。

2）单击列表中的摄像头，在与控制器和计算机相同的子网中设置一个固定 IP 地址或者启用动态主机配置协议（DHCP）。

3）单击"Apply"。

4）重启摄像头和控制器。

3. 设置新图像作业

打开 RobotStudio 并确保摄像头已经根据上文内容连接到网络。Integrated Vision 中的所有摄像头配置和设置统称为作业，活动作业存储在摄像头的工作内存中，在停电时会丢失，作业应在摄像头闪存盘或机器人控制器的闪存盘上永久性保存为作业文件（.job）。为了能够通过 RAPID 图像指令加载作业文件，作业必须保存在摄像头的闪存盘中。如果使用机器人控制器作为作业存储空间，则必须从控制器盘复制作业文件到摄像头闪存盘，然后才能从摄像头闪存盘加载，这是通过标准的 RAPID 文件处理指令完成的，建立新作业的具体步骤如下：

1）确保摄像头处于编程模式。

2）单击菜单条中的"新建作业"。

3）单击"是"，清除当前作业的全部数据。

4）在菜单条中单击"保存作业"或"将作业另存为"。因为作业此前未保存过，所以会显示"另存为"的对话框。

5）浏览到希望的位置，最好是摄像头闪存盘。

6）给作业命名并单击"保存"，作业的名称将会显示在图像采集和配置区域的图像选项卡。

4. 设置图像

最常用的设置为曝光时间，曝光时间越长，允许进入摄像头的光就越多，图像也就越亮。调整图像作业的设置通常是一种重复性的作业，常常需要在作业准备就绪前再一次或多次修改曝光时间。有时，得到用于校准的清晰图像所需的设置可能与检测产品的理想设置不同，如果在后续步骤中证实图像设置并不理想，则需要进行修改。图像触发事件设置决定了摄像头采集图像的事件，为了能从 Integrated Vision RAPID 指令触发图像采集，必须将触发事件设置为摄像头或外部。设置图像的具体步骤如下：

1）确保摄像头处于编程模式。

2）单击菜单条中的"设置图像"。

3）如果 RAPID 指令 CamReqImage 搭配可选变元"\ AwaitComplete"使用（即将 CamReqImage 指令中的触发参数设为"\ AwaitComplete"），那么摄像头图像触发类型必须设置为外部触发。

4）如有必要，调整其他设置以取得最佳图像质量，保存作业。

图像由像素组成，因此为了获取毫米级的结果需要先校准摄像头。校准功能用于按实际部件校准摄像头，包括两个基本步骤。首先，是摄像头校准，即将图像像素转换为毫米；其次，是摄像头对机器人的校准，将摄像头坐标与机器人机架关联起来。

为了获得更高的精度，Integrated Vision 的建议校准类型是使用一个带有基准标记的国际象棋棋盘，如图 2-12 所示，在带有基准的国际象棋棋盘校准板上，坐标原点位于 X 和 Y 箭头延伸的交叉处。

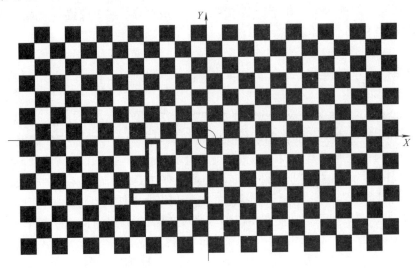

图 2-12 校准板

校准摄像头的具体步骤如下：

1）确保摄像头处于编程模式。

2）单击菜单条中的"校准"。

3）在上下文窗口，将校准类型修改为网格。

4）从"网格类型"下拉菜单选择一个带有基准标记参照点的棋盘校准板。

5）如有必要可以调整间隔、单位、镜头型号以及姿势数量的设置。（以 mm 作为单位；镜头型号取决于预计的最大失真位置，或者是由于摄像头的角度问题，或是因为镜头本身而使图像失真；姿势数量可以允许使用超过一个校准板图像来校准摄像头，以防校准板不能覆盖整个视野。)

6）单击"打印网格"可以打印校准板，打印的图像必须具有高对比度且纸张不得反光，使用尺子验证方块尺寸是否准确。

7）将校准板放在摄像头图像中心的一个固定位置，使摄像头与要识别的物体保持相同高度，校准纸必须完全平整、得到充分照明且没有反光和阴影，旋转校准板，使 X 和 Y 箭头对应工件的预期方向。

8）在上下文窗口单击"下一步"，此时会显示所找到的特征点数量。

9）单击"下一步"，单击"校准"，应用校准结果。

10）单击"完成"退出校准，保存作业。（注：在工件定义好前不要更改校准板的位置。）

校准机器人的具体步骤如下：

1）创建一个支点工具并定义工具的 TCP。

2）为每个摄像头创建一个工件。

3）激活支点工具，并沿着校准板所对应的 X 轴和 Y 轴来定义摄像头工件的用户坐标系，并将对象框架留空。

4）通过控制机器人在工件上微动来测试校准是否准确。

5）现在可以移除校准板了。

5. 添加图像工具

定位工具用于定义图像中的某个特征以便提供位置数据，定位工具会创建一个参照点，以用于在图像中快速定位一个部件，即使该部件处于旋转检查或出现在图像的不同位置。检查工具则用于检查部件是否位于定位工具规定的位置。根据当前应用程序的要求，检查工具包括出现/缺少、测量、计数、几何等 4 种选项。

添加定位工具的具体操作步骤如下：

1）加载或采集一个新图像，确保要定位的部件出现在图像中可能出现部件的区域中。

2）单击"添加部件-定位工具"，然后选择下拉菜单中所需的工具。

3）按上下文窗口中的工具相关说明进行操作。

4）如有必要，调整设置以取得最佳性能，保存作业。

最常用的定位工具包括 PatMax 和 Blob。PatMax 定位工具使用 PatMax 算法来定位 1 个图案或最多 10 个图案，并报告所发现图案的 X 和 Y 坐标、角度和分数。Blob 定位工具用于定位 1 组或最多 10 组的深色或浅色相对应像素（称为 blob）并报告所发现 blob 的 X 和 Y 坐标。定位工具的设置方式一般有两种，一种是"Number To Find"，即定义要检测的实例的数量，默认值通常是 1，检测多个实例时必须增大。另一种是"Rotation Tolerance"，即定义所找到的图案从训练图案旋转多大角度时仍能被视为有效图案，默认值为 $\pm10° \sim \pm15°$，由于旋转角度常常过小，因此需要增大。

添加检查工具的具体步骤如下：

1）加载一个新图像，确保要定位的图案出现在图像中可能会出现图案的区域中。

2）单击"添加部件-检查工具"，然后选择下拉菜单中所需的工具。

3）按上下文窗口中的工具相关说明进行操作。

4）如有必要，调整设置以取得最佳性能，保存作业。

最常用的检查工具有如下 4 种。

1) PatMax 检查工具：这是一种检查图案出现/缺少的工具；使用 PatMax 算法确定某个训练图案是出现还是缺少，如果图案出现且处于限制内则报告通过，如果超出限制则报告失败。

2) Blob 检查工具：确认是否出现或缺少一组深色或浅色的关联像素。如果出现 blob 特征且处于限制内则报告通过，如果超出限制则报告失败。

3) 距离测量工具：测量任何两个特征（例如：边缘、圆环、图案）之间的距离。以毫米或像素表示距离（除非图像已经校准），否则，如果报告的距离超出限制则报告失败。

4) PatMax 图案识别工具：使用 PatMax 算法在训练图案库中确定最符合图像中图案的图案。报告发现图案的名称并将其分数与培训模型进行对比，如果找到图案且位于限制内则报告通过，如果超出限制或未找到图案则报告失败。

2.4.2 相机标定的基本原理

本小节将介绍基于二维平面靶标的相机标定原理，在该方法中，要求相机在两个以上不同的方位拍摄一个平面靶标，相机和二维平面靶标都可以自由移动，不需要知道运动参数。在标定过程中，假定相机的内部参数始终不变，即不论相机从何角度拍摄靶标，相机的内部参数都为常数。

将靶标平面上的三维点记为 $M=(x,y,z)^T$，其图像平面上的二维点记为 $m=(u,v)^T$，相应的齐次坐标分别为 $\tilde{M}=(x,y,z,1)^T$ 与 $\tilde{m}=(u,v,1)^T$。相机基于针孔成像模型，空间点 M 与图形点 m 之间的射影关系为

$$s\tilde{m} = A(R,t)\tilde{M} \qquad (2\text{-}1)$$

其中，s 为一任意的非零尺度因子；旋转矩阵 R 和平移矢量 t 称为相机的外参矩阵；A 称为相机的内部参数矩阵，其定义为

$$A = \begin{pmatrix} a_x & r & u_0 \\ 0 & a_y & v_0 \\ 0 & 0 & 1 \end{pmatrix} \qquad (2\text{-}2)$$

其中，(u_0, v_0) 为主点坐标，具体的参数说明在一般的相机模型中都有介绍，此处不再赘述。不失一般性，可以假设靶标平面位于世界坐标系的 xy 平面上，记旋转矩阵 R 的第 i 列为 r_i，由式（2-1）有：

$$s\begin{pmatrix}u\\v\\1\end{pmatrix} = A(r_1, r_2, r_3, r_4)\begin{pmatrix}x\\y\\0\\1\end{pmatrix} = A(r_1, r_2, t)\begin{pmatrix}x\\y\\1\end{pmatrix} \qquad (2\text{-}3)$$

仍采用 M 来表示靶标平面上的点，这样靶标平面上的点 M 与对应的图像点 m 之间就会存在一个变换矩阵 H。

$$s\tilde{m} = H\tilde{M} \qquad (2\text{-}4)$$

其中，H 是一个 3×3 的矩阵，记 $H = (h_1, h_2, h_3)$，则有：

$$(h_1, h_2, h_3) = \lambda A(r_1, r_2, t) \qquad (2\text{-}5)$$

其中，平移矢量 t 为从世界坐标系的原点到光心的矢量；r_1、r_2 为图像平面的两个坐标轴在

世界坐标系中的方向矢量。显然，t 不会位于 r_1、r_2 所构成的平面上，由于 r_1、r_2 正交，因此 $\det(r_1, r_2, t) \neq 0$。又因为 $\det A \neq 0$，所以 $\det H \neq 0$。

H 的计算是使实际图像坐标 m_i 与式（2-1）计算出的图像坐标 $\hat{m}_i$ 之间残差最小的过程，目标函数为

$$\min \sum_i \| m_i - \hat{m}_i \|^2 \tag{2-6}$$

当 H 矩阵解出后，由式（2-5）和 R 的正交性，可以得到两个基本方程：

$$\begin{cases} h_1^{\mathrm{T}} (A^{-1})^{\mathrm{T}} A^{-1} h_2 = 0 \\ h_1^{\mathrm{T}} (A^{-1})^{\mathrm{T}} A^{-1} h_1 = h_2^{\mathrm{T}} (A^{-1})^{\mathrm{T}} A^{-1} h_2 \end{cases} \tag{2-7}$$

式（2-7）是关于相机内部参数的两个基本约束方程，因为一个转换矩阵有 8 个自由度，而外参有 6 个，因此一个转换矩阵只能获得关于相机内部参数的两个约束。

空间上的二次曲线可表示为 $\tilde{x}^{\mathrm{T}} B \tilde{x} = 0$，其中 $\tilde{x} = (x, y, z, 1)^{\mathrm{T}}$；$B$ 是一个 4×4 的对称矩阵。显然，B 乘以任何一个不为零的标量后仍可用来描述同一二次曲线。而平面上的二次曲线可表示为 $\tilde{x}^{\mathrm{T}} B \tilde{x} = 0$，其中，$\tilde{x} = (x, y, 1)^{\mathrm{T}}$；$B$ 是一个 3×3 的对称矩阵。显然，B 乘以任何一个不为零的标量仍可用来描述同一二次曲线。因此，$(A^{-1})^{\mathrm{T}} A^{-1}$ 事实上描述了绝对二次曲线在图像平面上的投影。

$$B = A^{-\mathrm{T}} A^{-1} = \begin{pmatrix} B_{11} & B_{12} & B_{13} \\ B_{21} & B_{22} & B_{23} \\ B_{31} & B_{32} & B_{33} \end{pmatrix}$$

$$= \begin{pmatrix} \dfrac{1}{a_x^2} & -\dfrac{r}{a_x^2 a_y} & \dfrac{v_0 r - u_0 a_y}{a_x^2 a_y} \\ -\dfrac{r}{a_x^2 a_y} & \dfrac{r^2}{a_x^2 a_y^2} + \dfrac{1}{a_y^2} & -\dfrac{r(v_0 r - u_0 a_y)}{a_x^2 a_y^2} - \dfrac{v_0}{a_y^2} \\ \dfrac{v_0 r - u_0 a_y}{a_x^2 a_y} & -\dfrac{r(v_0 r - u_0 a_y)}{a_x^2 a_y^2} - \dfrac{v_0}{a_y^2} & \dfrac{(v_0 r - u_0 a_y)^2}{a_x^2 a_y^2} + \dfrac{v_0^2}{a_y^2} + 1 \end{pmatrix} \tag{2-8}$$

注意 B 是对称矩阵，可以另表示为下面的 6 维矢量：

$$b = (B_{11}, B_{12}, B_{13}, B_{14}, B_{15}, B_{16})^{\mathrm{T}} \tag{2-9}$$

设 H 中的第 i 列矢量为

$$h_i = (h_{i1}, h_{i2}, h_{i3})^{\mathrm{T}} \tag{2-10}$$

因此
$$h_i^{\mathrm{T}} B h_j = v_{ij}^{\mathrm{T}} b \tag{2-11}$$

其中
$$v_{ij} = (h_{i1} h_{j1}, h_{i1} h_{j2} + h_{i2} h_{j1}, h_{i2} h_{j2}, h_{i3} h_{j1} + h_{i1} h_{j3}, h_{i3} h_{j2} + h_{i2} h_{j3}, h_{i3} h_{j3})^{\mathrm{T}} \tag{2-12}$$

这样，式（2-7）可以写成两个以 b 为未知数的齐次方程：

$$\begin{bmatrix} v_{12}^{\mathrm{T}} \\ (v_{11} - v_{22})^{\mathrm{T}} \end{bmatrix} b = 0 \tag{2-13}$$

如果对靶标平面拍摄 n 幅图像，将 n 个这样的方程组叠加起来，可得：

$$Vb = 0 \tag{2-14}$$

其中，V 为 $2n \times 6$ 的矩阵。如果 $n \geq 3$，一般地，b 可以在相差一个尺度因子的情况下唯一确

定。如果 $n=2$，则可以加上一个附加约束 $\gamma=0$，即 $B_{12}=0$。式（2-14）的解是矩阵 V^TV 的最小特征值所对应的特征向量，或通过对矩阵 V 进行奇异值分解来求出 b。

当 b 求解出来后，可以利用楚列斯基（Cholesky）矩阵分解算法求解出 A^{-1}，再求逆得到 A。一旦 A 求出后，每幅图像的外参就很容易求出，由式（2-5）有：

$$r_1 = \lambda A^{-1}h_1, \quad r_2 = \lambda A^{-1}h_2, \quad r_3 = r_1 \times r_2, \quad t = \lambda A^{-1}h_3 \tag{2-15}$$

其中，$\lambda = 1/\|A^{-1}h_1\| = 1/\|A^{-1}h_2\|$。

通常情况下，相机镜头是会有畸变的，因此，以上述获得的参数作为初始值进行优化搜索，从而计算出所有参数的准确值。

第 3 章

实验理论基础与实践

本章目标

1. 掌握刚体在三维空间中的位姿描述与齐次坐标变换。
2. 掌握机器人运动学的正解和反解。
3. 掌握用测量臂标定坐标系。

本章首先从刚体在空间中的位姿描述出发，对如何建立机器人参数模型以及坐标变换进行了介绍。然后，结合机器人运动学方程对机器人正反解的方法进行了详细的讨论。最后，从实际出发介绍了用测量臂标定实验台工件坐标系与机器人自身坐标系的方法。

3.1 刚体的位姿描述

为了描述机器人的各个连杆之间的相互关系、机器人整体与环境之间的运动关系，通常情况下将机器人以及连杆都看作刚体，以此来研究各刚体之间的运动关系。

3.1.1 空间点的位置描述

对于空间直角坐标系 $\{A\}$，坐标系里的任意一点都可以用一个 3×1 的列矢量来表示：

$$^A\boldsymbol{p} = \begin{pmatrix} p_x \\ p_y \\ p_z \end{pmatrix} \tag{3-1}$$

其中，p_x、p_y、p_z 是任意一点在坐标系 $\{A\}$ 中的三个坐标分量；$^A\boldsymbol{p}$ 的上标 A 代表所在的参考坐标系。

3.1.2 刚体的姿态描述

为了完整地描述刚体的位姿，不仅要对其位置进行描述，还要对其姿态进行描述。例如一个机械手臂，位置矢量能确定机械手臂末端一点的位置，但此时手臂的姿态是任意的。为了描述机械臂的位姿，需要在机械臂上固连一个坐标系 $\{B\}$ 并且给出此坐标系在空间直角坐标系（世界坐标系）中的描述。此描述足以表示出机械臂在坐标系 $\{A\}$ 中的姿态。

描述连杆坐标系的一种方法是利用坐标系 $\{A\}$ 的三个主轴单位矢量来表示。将坐标系 $\{B\}$ 中三个主轴方向的单位矢量用 $\boldsymbol{x}_B$、$\boldsymbol{y}_B$、$\boldsymbol{z}_B$ 来表示，当这三个单位矢量用坐标系 $\{A\}$ 的坐标表达时，可表示为 $^A\boldsymbol{x}_B$、$^A\boldsymbol{y}_B$、$^A\boldsymbol{z}_B$。很容易想到，可以将这三个单位矢量（不同空间直角坐标系下的表达并不会改变矢量的长度）按照 $^A\boldsymbol{x}_B$、$^A\boldsymbol{y}_B$、$^A\boldsymbol{z}_B$ 的顺序排列成一个 3×3 的矩阵，这个矩阵称为**旋转矩阵**，由于这个特殊矩阵是 $\{B\}$ 相对于 $\{A\}$ 的表达（在 $\{A\}$ 坐标系下表示坐标系 $\{B\}$），所以用符号 $^A_B\boldsymbol{R}$ 来表示：

$$^A_B\boldsymbol{R} = (^A\boldsymbol{x}_B, \ ^A\boldsymbol{y}_B, \ ^A\boldsymbol{z}_B) = \begin{pmatrix} r_{11} & r_{12} & r_{13} \\ r_{21} & r_{22} & r_{23} \\ r_{31} & r_{32} & r_{33} \end{pmatrix} \tag{3-2}$$

矩阵 $^A_B\boldsymbol{R}$ 中的每个列矢量都可以看成是坐标系 $\{B\}$ 的某一主轴方向分别在坐标系 $\{A\}$ 的三个方向矢量上的投影。于是，式（3-2）中 $^A_B\boldsymbol{R}$ 的每个分量都可用一对单位矢量的点积表示：

$$^A_B\boldsymbol{R} = (^A\boldsymbol{x}_B, \ ^A\boldsymbol{y}_B, \ ^A\boldsymbol{z}_B) = \begin{pmatrix} \boldsymbol{x}_B\cdot\boldsymbol{x}_A & \boldsymbol{y}_B\cdot\boldsymbol{x}_A & \boldsymbol{z}_B\cdot\boldsymbol{x}_A \\ \boldsymbol{x}_B\cdot\boldsymbol{y}_A & \boldsymbol{y}_B\cdot\boldsymbol{y}_A & \boldsymbol{z}_B\cdot\boldsymbol{y}_A \\ \boldsymbol{x}_B\cdot\boldsymbol{z}_A & \boldsymbol{y}_B\cdot\boldsymbol{z}_A & \boldsymbol{z}_B\cdot\boldsymbol{z}_A \end{pmatrix} \tag{3-3}$$

值得注意的是，$^A_B\boldsymbol{R}$ 中有 9 个元素，但只有 3 个是独立的。因为 $^A_B\boldsymbol{R}$ 的 3 个列矢量都是三维主矢量，且两两相互垂直，所以它的 9 个元素满足 6 个约束条件（称之为正交条件）：

$$^A\boldsymbol{x}_B \cdot\ ^A\boldsymbol{x}_B = \ ^A\boldsymbol{y}_B \cdot\ ^A\boldsymbol{y}_B = \ ^A\boldsymbol{z}_B \cdot\ ^A\boldsymbol{z}_B = 1 \tag{3-4}$$

$$^A\boldsymbol{x}_B \cdot\ ^A\boldsymbol{y}_B = \ ^A\boldsymbol{y}_B \cdot\ ^A\boldsymbol{z}_B = \ ^A\boldsymbol{z}_B \cdot\ ^A\boldsymbol{x}_B = 0 \tag{3-5}$$

因此，旋转矩阵 $^A_B\boldsymbol{R}$ 是正交的，并且满足条件：

$$\mathrm{SO}(n) = \{\boldsymbol{R}\in\mathbb{R}^{n\times n} |\ \boldsymbol{R}\boldsymbol{R}^\mathrm{T} = \boldsymbol{I},\ \det\boldsymbol{R} = 1\} \tag{3-6}$$

其中，上标 T 表示矩阵的转置；det 表示矩阵的行列式。$\mathrm{SO}(n)$ 是特殊正交群（Special Orthogonal Group），这个集合由 n 维空间的旋转矩阵组成。特别地，$\mathrm{SO}(3)$ 就是三维空间的旋转。通过旋转矩阵可以直接讨论两个坐标系之间的旋转变换。

绕 x 轴、y 轴和 z 轴旋转 θ 角的旋转矩阵分别为

$$\boldsymbol{R}_x(\theta) = \begin{pmatrix} 1 & 0 & 0 \\ 0 & \cos\theta & -\sin\theta \\ 0 & \sin\theta & \cos\theta \end{pmatrix}$$

$$\boldsymbol{R}_y(\theta) = \begin{pmatrix} \cos\theta & 0 & \sin\theta \\ 0 & 1 & 0 \\ -\sin\theta & 0 & \cos\theta \end{pmatrix} \tag{3-7}$$

$$\boldsymbol{R}_z(\theta) = \begin{pmatrix} \cos\theta & -\sin\theta & 0 \\ \sin\theta & \cos\theta & 0 \\ 0 & 0 & 1 \end{pmatrix}$$

3.1.3 坐标变换

在求解机器人学的许多问题中，经常涉及用不同参考坐标系来表达同一个量，这就涉及

了坐标系之间的变换。在上面小节中，介绍了位置和姿态的表示方法，本节介绍坐标系之间的变换。

首先，考虑坐标系之间的**平移变换**。如图 3-1 所示，用矢量 $^A\boldsymbol{p}$ 表示 p 点在坐标系 $\{A\}$ 中的位置，用矢量 $^B\boldsymbol{p}$ 表示 p 点在坐标系 $\{B\}$ 中的位置。此时，希望通过 $^B\boldsymbol{p}$ 来表示 $^A\boldsymbol{p}$，由于两个坐标系之间只是平移，故可用 $^A\boldsymbol{p}_{BORG}$ 表示坐标系 $\{B\}$ 的原点相对于坐标系 $\{A\}$ 的原点的位置。因为两个坐标系之间的姿态相同，所以可以直接用矢量相加的方法来求 $^A\boldsymbol{p}$：

$$^A\boldsymbol{p} = {^B\boldsymbol{p}} + {^A\boldsymbol{p}_{BORG}} \tag{3-8}$$

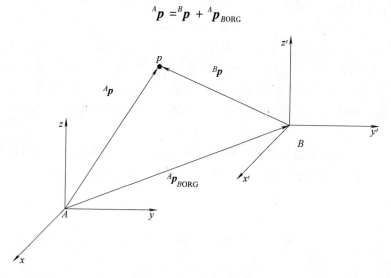

图 3-1　坐标系平移变换

然后，考虑坐标系之间的**旋转变换**，在上一小节中，介绍了用 3 个三维单位矢量来描述坐标系的方法。在上述方法中，由于 $^A_B\boldsymbol{R}$ 的列是坐标系 $\{B\}$ 的单位矢量在坐标系 $\{A\}$ 中的描述，所以 $^A_B\boldsymbol{R}$ 的行是坐标系 $\{A\}$ 的单位矢量在坐标系 $\{B\}$ 中的描述。那么，一个旋转矩阵即为三个为一组的列矢量或者三个为一组的行矢量，即：

$$^A_B\boldsymbol{R} = ({^A\boldsymbol{x}_B},\ {^A\boldsymbol{y}_B},\ {^A\boldsymbol{z}_B}) = \begin{pmatrix} ^B\boldsymbol{x}_A^T \\ ^B\boldsymbol{y}_A^T \\ ^B\boldsymbol{z}_A^T \end{pmatrix} \tag{3-9}$$

同样，坐标系之间的关系如图 3-2 所示，已知 p 点在坐标系 $\{B\}$ 下的坐标 $^B\boldsymbol{p}$，这两个坐标系的原点重合，想得到 p 点在坐标系 $\{A\}$ 下的坐标，如果两个坐标之间的姿态描述是已知的，通过 $^B\boldsymbol{p}$ 来求得 $^A\boldsymbol{p}$ 的这个计算就是可以求解的。由上一小节可知，这两个坐标系之间的姿态描述可用 $^A_B\boldsymbol{R}$ 来表示，而且注意到，矢量的坐标就是该矢量分别在坐标系各主轴上的投影，因此 $^A\boldsymbol{p}$ 的分量计算如下：

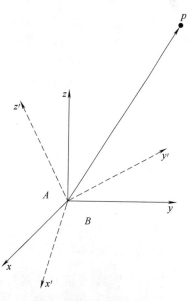

图 3-2　坐标系旋转变换

$$\begin{cases} {}^A p_x = {}^B \boldsymbol{x}_A^{\mathrm{T}} \cdot {}^B \boldsymbol{p} \\ {}^A p_y = {}^B \boldsymbol{y}_A^{\mathrm{T}} \cdot {}^B \boldsymbol{p} \\ {}^A p_z = {}^B \boldsymbol{z}_A^{\mathrm{T}} \cdot {}^B \boldsymbol{p} \end{cases} \tag{3-10}$$

由式（3-9）可知，${}_B^A \boldsymbol{R}$ 的行就是 ${}^B \boldsymbol{x}_A^{\mathrm{T}}$、${}^B \boldsymbol{y}_A^{\mathrm{T}}$、${}^B \boldsymbol{z}_A^{\mathrm{T}}$，可利用旋转矩阵将式（3-10）写成如下简化形式：

$$ {}^A \boldsymbol{p} = {}_B^A \boldsymbol{R} \cdot {}^B \boldsymbol{p} \tag{3-11}$$

又因为旋转矩阵为正交矩阵，且各列的模为1，所以有如下等式：

$$ {}_B^A \boldsymbol{R} = {}_A^B \boldsymbol{R}^{-1} = {}_A^B \boldsymbol{R}^{\mathrm{T}} \tag{3-12}$$

最后考虑坐标系之间的**一般变换**（复合变换），即最一般的情形：坐标系 $\{A\}$ 的原点与坐标系 $\{B\}$ 的原点不重合，两个坐标系的方位也不相同。用位置矢量 ${}^A \boldsymbol{p}_{BORG}$ 来表示坐标系 $\{B\}$ 的坐标原点在坐标系 $\{A\}$ 下的位置，用旋转矩阵 ${}_B^A \boldsymbol{R}$ 描述坐标系 $\{B\}$ 相对于坐标系 $\{A\}$ 的方位，则任一点 p 在两个坐标系下的位置关系如下式所示：

$$ {}^A \boldsymbol{p} = {}_B^A \boldsymbol{R} \cdot {}^B \boldsymbol{p} + {}^A \boldsymbol{p}_{BORG} \tag{3-13}$$

式（3-13）可以看成是坐标系旋转和平移的复合变换。实际上，如图3-3所示，规定一个过渡坐标系 $\{C\}$，它的原点与坐标系 $\{B\}$ 的原点重合，而方位与坐标系 $\{A\}$ 相同，所以有：

$$ {}^C \boldsymbol{p} = {}_B^C \boldsymbol{R} \cdot {}^B \boldsymbol{p} = {}_B^A \boldsymbol{R} \cdot {}^B \boldsymbol{p} \tag{3-14}$$

$$ {}^A \boldsymbol{p} = {}^C \boldsymbol{p} + {}^A \boldsymbol{p}_{BORG} = {}_B^A \boldsymbol{R} \cdot {}^B \boldsymbol{p} + {}^A \boldsymbol{p}_{BORG} \tag{3-15}$$

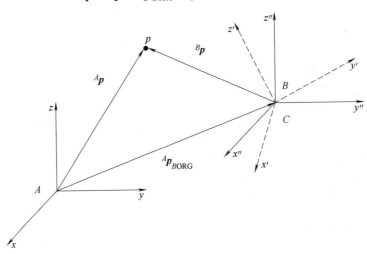

图 3-3　坐标系的一般变换

3.1.4　齐次坐标与齐次矩阵

考虑到将旋转矩阵和平移矢量合并到一个矩阵中，则需要引入齐次坐标与齐次矩阵的概念，点的坐标变换的齐次表达形式如下式：

$$ \begin{bmatrix} {}^A \boldsymbol{p} \\ 1 \end{bmatrix}_{4 \times 1} = \begin{bmatrix} {}_B^A \boldsymbol{R} & {}^A \boldsymbol{p}_{BORG} \\ \boldsymbol{0} & 1 \end{bmatrix}_{4 \times 4} \begin{bmatrix} {}^B \boldsymbol{p} \\ 1 \end{bmatrix}_{4 \times 1} \tag{3-16}$$

其中，4×1 的列矢量表示的三维点为齐次坐标，4×4 的矩阵为齐次矩阵，上式可以写成矩阵形式：

$$^A p = {}^A_B T \cdot {}^B p \tag{3-17}$$

注意：${}^A_B T$ 综合了平移变换和旋转变换，可验证式（3-15）与式（3-17）是等价的。规定：列矢量 $(a, b, c, 0)^T$（其中 $a^2 + b^2 + c^2 \neq 0$）表示空间的无穷远点。无穷远点 $(a, b, c, 0)^T$ 的三元素 a、b、c 称为无穷远点的方向数。下面三个无穷远点

$$(1, 0, 0, 0)^T, (0, 1, 0, 0)^T, (0, 0, 1, 0)^T$$

分别表示 Ox、Oy、Oz 轴上的无穷远点，坐标原点为 $(0, 0, 0, 1)^T$。这样不仅可以利用齐次坐标规定点的位置，还可以用它来规定矢量的方向。当第四个元素非零时，代表点的位置；当第四个元素为零时，代表方向。利用这一性质，赋予齐次变换矩阵一个物理解释：齐次变换矩阵 ${}^A_B T$ 描述了坐标系 $\{B\}$ 相对于坐标系 $\{A\}$ 的位置和方位。${}^A_B T$ 的第四个列矢量 ${}^A p_{BORG}$ 描述了 $\{B\}$ 的坐标原点相对于 $\{A\}$ 的位置；其他三个列矢量分别代表 $\{B\}$ 的三个坐标轴相对于 $\{A\}$ 的方向。

如果知道坐标系 $\{B\}$ 相对于 $\{A\}$ 的描述 ${}^A_B T$，希望得到坐标系 $\{A\}$ 相对于 $\{B\}$ 的描述 ${}^B_A T$，这就是齐次变换的求逆问题。一般利用齐次变换矩阵的特点来简化矩阵的求逆运算。

原点 ${}^A p_{BORG}$ 在坐标系 $\{B\}$ 下的描述为

$$^B({}^A p_{BORG}) = {}^B_A R \cdot {}^A p_{BORG} + {}^B p_{AORG} \tag{3-18}$$

因为 $^B({}^A p_{BORG})$ 表示坐标系 $\{B\}$ 的原点在坐标系 $\{B\}$ 中的描述，所以 $^B({}^A p_{BORG})$ 为零矢量，故有：

$$^B p_{AORG} = -{}^B_A R \cdot {}^A p_{BORG} = -{}^A_B R^T \cdot {}^A p_{BORG} \tag{3-19}$$

从而有：

$$^B_A T = {}^A_B T^{-1} = \begin{bmatrix} {}^A_B R^T & -{}^A_B R^T \cdot {}^A p_{BORG} \\ 0 & 1 \end{bmatrix} \tag{3-20}$$

式（3-20）为求解齐次变换的逆提供了简便的算法。

3.1.5　齐次矩阵变换

如图 3-4 所示，已知 $^C p$，如何求 $^A p$。

已知对于给定的坐标系 $\{A\}$、$\{B\}$、$\{C\}$，其中坐标系 $\{B\}$ 相对于坐标系 $\{A\}$ 的描述为 ${}^A_B T$，坐标系 $\{C\}$ 相对于坐标系 $\{B\}$ 的描述为 ${}^B_C T$，则有：

$$^B p = {}^B_C T \cdot {}^C p \tag{3-21}$$

$$^A p = {}^A_B T \cdot {}^B p = {}^A_B T \cdot {}^B_C T \cdot {}^C p \tag{3-22}$$

$$^A_C T = {}^A_B T \cdot {}^B_C T \tag{3-23}$$

由式（3-16）可得：

$$^A_C T = {}^A_B T \cdot {}^B_C T = \begin{bmatrix} {}^A_B R \cdot {}^B_C R & {}^A_B R \cdot {}^B p_{CORG} + {}^A p_{BORG} \\ 0 & 1 \end{bmatrix} \tag{3-24}$$

变换矩阵可解释为：最初坐标系 $\{C\}$ 与坐标系 $\{A\}$ 重合，首先相对于坐标系 $\{A\}$ 运动到坐标系 $\{B\}$，记为 ${}^A_B T$；然后再相对于坐标系 $\{B\}$ 运动到坐标系 $\{C\}$，记为 ${}^B_C T$。

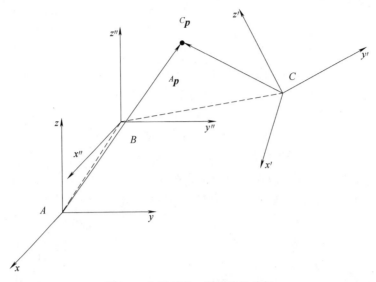

图 3-4　坐标系的一般变换的分解

值得注意的是，除了几种特例之外，变换矩阵相乘不满足交换律。变换矩阵相乘顺序"**从左到右**"，表明运动是相对于运动坐标系而言；变换矩阵相乘顺序"**从右到左**"，表明运动是相对于固定坐标系而言。

为了求解机器人的运动，必须建立机器人连杆之间的相互关系，以及机器人与周围环境之间的相互关系，因此需要规定一系列的坐标系来描述机器人与环境的相对位姿关系。如图 3-5 所示，$\{B\}$ 代表基座坐标系，$\{W\}$ 代表手腕坐标系，$\{T\}$ 是工作坐标系，$\{S\}$ 是世界坐标系，$\{G\}$ 是目标坐标系，它们之间的位姿关系用相应的齐次变换来描述。

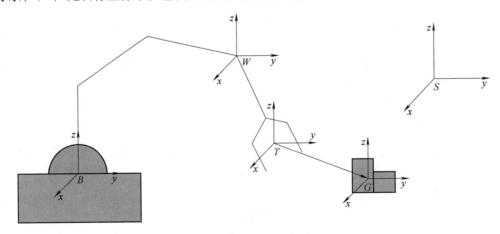

图 3-5　坐标系示意图

机器人控制与规划的目标是，建立工具坐标系 $\{T\}$ 与目标坐标系 $\{G\}$ 的相对姿态关系 $^G_T T$。它与其他位姿变换的关系构成一个封闭的尺寸链，如图 3-6 所示，工具坐标系与基座坐标系的位姿关系可用两种变换矩阵的乘积来表示：

$$^B_T T = {^B_W T} \cdot {^W_T T} \tag{3-25}$$

$$^B_TT = ^B_ST \cdot ^S_GT \cdot ^G_TT \quad (3\text{-}26)$$

令上面两式相等，可求出：

$$^B_WT = ^B_ST \cdot ^S_GT \cdot ^G_TT \cdot ^W_TT^{-1} \quad (3\text{-}27)$$

3.1.6 姿态的其他描述方法

在上一小节中，讨论了用矩阵来表示坐标系之间的变换，但是这种表示方式有两个明显的缺点：第一个缺点是旋转矩阵有9个分量，但是只有3个独立量，因此这种表达方式是冗余的，同理，齐次变换矩阵有16个分量，但是只有6个自由度，所以可以选择一种更紧凑的方式来表达位姿关系；第二个缺点是由于旋转矩阵自身带有约束，因为它是正交阵且行列式为1，在优化和估计一个旋转矩阵或齐次变换矩阵时，这些优化会使得求解变得十分困难。

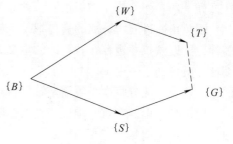

图3-6 坐标系尺寸链

因此，希望用一种更紧凑的方式来描述坐标系之间的平移和旋转。对于坐标系的任意旋转，都可以用一个**旋转轴**和一个**旋转角**来表示。于是，可以使用一个矢量，其方向与旋转轴一致，而长度等于旋转角的值。这种矢量称为**旋转矢量**。这种表示法只需要一个三维矢量即可描述旋转。同理，对于齐次变换矩阵，使用一个旋转矢量和一个平移矢量即可表达，这时的维度正好是六维，没有冗余。

假设有一个旋转轴为 n，角度为 θ 的旋转，按定义显然知道，它对应的旋转矢量为 θ_n。从旋转矢量到旋转矩阵的转换过程由罗德里格斯公式表示：

$$\boldsymbol{R} = \cos\theta \cdot \boldsymbol{I} + (1-\cos\theta) \cdot \boldsymbol{nn}^T + \sin\theta \cdot \hat{\boldsymbol{n}} \quad (3\text{-}28)$$

其中，符号^是矢量到反对称矩阵的转换符，定义见式（3-29）。

$$\boldsymbol{a} \times \boldsymbol{b} = \begin{vmatrix} \boldsymbol{i} & \boldsymbol{j} & \boldsymbol{k} \\ a_1 & a_2 & a_3 \\ b_1 & b_2 & b_3 \end{vmatrix} = \begin{pmatrix} a_2b_3 - a_3b_2 \\ a_3b_1 - a_1b_3 \\ a_1b_2 - a_2b_1 \end{pmatrix} = \begin{pmatrix} 0 & -a_3 & a_2 \\ a_3 & 0 & -a_1 \\ -a_2 & a_1 & 0 \end{pmatrix} \boldsymbol{b} \triangleq \hat{\boldsymbol{a}} \cdot \boldsymbol{b} \quad (3\text{-}29)$$

反之，也可以计算从一个旋转矩阵到旋转矢量的转换，对于旋转角 θ：

$$\begin{aligned} \text{tr}(\boldsymbol{R}) &= \cos\theta \cdot \text{tr}(\boldsymbol{I}) + (1-\cos\theta) \cdot \text{tr}(\boldsymbol{nn}^T) + \sin\theta \cdot \hat{\boldsymbol{n}} \\ &= 3\cos\theta + (1-\cos\theta) \\ &= 1 + 2\cos\theta \end{aligned} \quad (3\text{-}30)$$

因此

$$\theta = \arccos\left(\frac{\text{tr}(\boldsymbol{R}) - 1}{2}\right) \quad (3\text{-}31)$$

又因为旋转轴上的矢量在旋转后不发生改变，说明：

$$\boldsymbol{Rn} = \boldsymbol{n} \quad (3\text{-}32)$$

求解此方程后再归一化，就可以得到旋转轴。读者也可以从"旋转轴经过旋转之后不变"的几何角度来看待这个方程。这里的两个转换公式正好是 SO(3) 上李群与李代数的对应关系，此处不再赘述。

无论是旋转矩阵还是旋转矢量都能描述坐标系的旋转，但是这两种表达方式对于我们来说并不是十分直观。当看到一个旋转矩阵或者是旋转矢量时很难直观想象出这个旋转究竟是什么样子的。而欧拉角却提供了一种非常直观的方式来描述旋转。

欧拉角通过三个分离的**转角**把一个旋转分解成三次绕不同轴的旋转，这种分解方式有很多种，所以欧拉角也存在着不同的定义方法。比如，先绕 x 轴旋转，再绕 y 轴，最后绕 z 轴旋转，就得到了一个 xyz 轴的旋转。同理，还可以定义 zyz、zyx 等旋转方式。如果更进一步讨论，还需要区分每次是绕固定轴旋转还是绕动轴旋转，这也会给出不一样的定义方式，本书不做详细讨论。在航空领域，经常会听说"俯仰角""偏航角"等词，而欧拉角中比较常用的一种定义便是用"偏航-俯仰-滚转"（yaw-pitch-roll）这三个角度来描述一个旋转。由于它等价于 zyx 的旋转，因此就以 zyx 为例。如图 3-7 所示，zyx 转角相当于把任意旋转分解为以下 3 个轴上的转角：

1) 绕物体的 z 轴旋转，得到偏航角 y。
2) 绕旋转之后的 y 轴旋转，得到俯仰角 p。
3) 绕旋转之后的 x 轴旋转，得到滚转角 r。

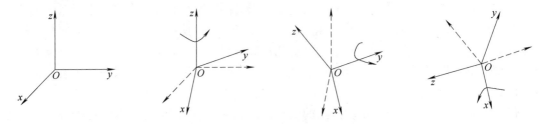

图 3-7　zyx 变换关系

此时，可以使用 $(r, p, y)^\mathrm{T}$ 这样一个三维矢量来表示任意旋转，这个矢量十分直观地描述了坐标系的旋转过程。其他的欧拉角也是通过类似的方式将总体的旋转分解到 3 个轴上，得到一个三维的矢量，只不过选用的轴以及旋转的顺序有所差异。

欧拉角的一个缺点就是会碰到万向锁问题（Gimbal Lock）：在俯仰角为±90°时，第一次的旋转和第三次的旋转将使用同一个轴，使得系统丢失了一个自由度，即由三次旋转变成了两次旋转，如图 3-8 所示，这被称为**奇异性问题**。在其他形式的欧拉角中也同样存在这种奇异性问题，理论上可以证明，只要想用 3 个实数来表达三维旋转时，都会不可避免地碰到奇异性问题。由于这种原理，欧拉角不适用于插值和迭代，往往只用于人机交互中，能更形象地表达出物体的旋转。

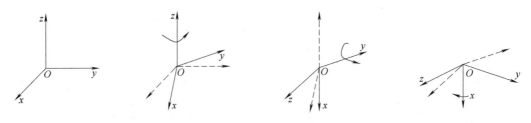

图 3-8　"万向锁"问题

旋转矩阵用 9 个量来描述 3 自由度的旋转，具有冗余性；欧拉角和旋转矢量用三个量来描述 3 自由度旋转，虽然具有紧凑性，但同时也具有奇异性。事实上找不到不带奇异性的三维矢量描述方式。三维旋转是一个三维流形，想要无奇异地表达它，用三个量是不够的。

回忆以前学习过的复数。用复数集 **C** 来表示复平面上的矢量，而复数的乘法则表示复平面上的旋转：例如，乘以虚数单位 i 相当于逆时针把一个复数矢量旋转 90°。类似地，在表达三维空间旋转时，也有类似于复数的代数：四元数（Quaternion）。四元数是哈密顿（Hamilton）找到的一种扩展的复数，它既是紧凑型的也是无奇异的。

一个四元数 $\boldsymbol{q}$ 拥有三个虚部和一个实部，如下式：

$$\boldsymbol{q} = q_0 + q_1 \mathrm{i} + q_2 \mathrm{j} + q_3 \mathrm{k} \tag{3-33}$$

其中，i、j、k 满足以下关系式：

$$\begin{cases} \mathrm{i}^2 = \mathrm{j}^2 = \mathrm{k}^2 = -1 \\ \mathrm{ij} = \mathrm{k}, \ \mathrm{ji} = -\mathrm{k} \\ \mathrm{jk} = \mathrm{i}, \ \mathrm{kj} = -\mathrm{i} \\ \mathrm{ki} = \mathrm{j}, \ \mathrm{ik} = -\mathrm{j} \end{cases} \tag{3-34}$$

由于这种特殊的表示形式，也可以用一个标量和一个矢量来表达四元数：

$$\boldsymbol{q} = (s, \boldsymbol{v}), \ s = q_0 \in \boldsymbol{R}, \ \boldsymbol{v} = (q_1, q_2, q_3)^{\mathrm{T}} \in \boldsymbol{R}^3 \tag{3-35}$$

其中，s 称为四元数的实部，而 $\boldsymbol{v}$ 是四元数的虚部。如果一个四元数的实部为 0，称之为**实四元数**。反之，若一个四元数的实部为 0，则称之为**虚四元数**。

可以用**单位四元数**表示三维空间中的任意一个旋转，不过这种表示方式和复数有着些许不同。在复数中，乘以虚数单位 i 意味着旋转 90°，但是在四元数中乘以虚数单位 i 却并不代表旋转 90°。综上，可以知道单位四元数能够表达三维空间的旋转，这种表达方式和旋转矢量有一定的关系。假设某个旋转是绕单位矢量 $\boldsymbol{n} = (n_x, n_y, n_z)^{\mathrm{T}}$ 进行了角度为 θ 的旋转，那么这个旋转的四元数形式为

$$\boldsymbol{q} = \left(\cos\frac{\theta}{2}, \ n_x \sin\frac{\theta}{2}, \ n_y \sin\frac{\theta}{2}, \ n_z \sin\frac{\theta}{2} \right)^{\mathrm{T}} \tag{3-36}$$

反之，也可以由单位四元数计算出对应的旋转轴与夹角：

$$\begin{cases} \theta = 2\arccos q_0 \\ (n_x, n_y, n_z)^{\mathrm{T}} = (q_1, q_2, q_3)^{\mathrm{T}} / \sin\frac{\theta}{2} \end{cases} \tag{3-37}$$

四元数与通常的复数一样，可以进行一系列的运算。常见的有四则运算、数乘运算、求逆运算以及共轭运算等。现有两个四元数 $\boldsymbol{q}_a$ 和 $\boldsymbol{q}_b$，矢量表示分别为 $(s_a, \boldsymbol{v}_a)$ 和 $(s_b, \boldsymbol{v}_b)$，或者原始的四元数表示分别为

$$\boldsymbol{q}_a = s_a + x_a \mathrm{i} + y_a \mathrm{j} + z_a \mathrm{k}, \ \boldsymbol{q}_b = s_b + x_b \mathrm{i} + y_b \mathrm{j} + z_b \mathrm{k}$$

（1）加法和减法

四元数 $\boldsymbol{q}_a$ 和 $\boldsymbol{q}_b$ 的加减运算为

$$\boldsymbol{q}_a \pm \boldsymbol{q}_b = (s_a \pm s_b, \ \boldsymbol{v}_a \pm \boldsymbol{v}_b) \tag{3-38}$$

（2）乘法

乘法是把 $\boldsymbol{q}_a$ 的每一项与 $\boldsymbol{q}_b$ 的每项相乘然后相加，虚部的运算按式（3-34）进行。

$$\begin{aligned} \boldsymbol{q}_a \boldsymbol{q}_b = &s_a s_b - x_a x_b - y_a y_b - z_a z_b + (s_a x_b + x_a s_b + y_a z_b - z_a y_b)\mathrm{i} + \\ &(s_a y_b + x_a z_b + y_a s_b + z_a x_b)\mathrm{j} + (s_a z_b + x_a y_b + y_a x_b - z_a s_b)\mathrm{k} \end{aligned} \tag{3-39}$$

如果写成矢量形式并利用内积与外积运算，表达式会更加简洁：

$$\boldsymbol{q}_a \boldsymbol{q}_b = (s_a s_b - \boldsymbol{v}_a^T \boldsymbol{v}_b, \ s_a \boldsymbol{v}_b + s_b \boldsymbol{v}_a + \boldsymbol{v}_a \times \boldsymbol{v}_b) \tag{3-40}$$

在该乘法定义下，两个实的四元数的乘积仍是实数，这与复数也是一致的。然而由于最后一项叉积的存在，四元数乘法通常是不可交换的，除非 $\boldsymbol{v}_a$ 和 $\boldsymbol{v}_b$ 在 $\mathbb{R}^3$ 中共线，此时叉积项为零。

（3）共轭

四元数的共轭式虚部取相反数：

$$\boldsymbol{q}_a^* = (s_a, \ -\boldsymbol{v}_a) \tag{3-41}$$

四元数共轭与其本身相乘，会得到一个实四元数，实部为模的二次方：

$$\boldsymbol{q}_a^* \boldsymbol{q}_a = \boldsymbol{q}_a \boldsymbol{q}_a^* = (s_a^2 + \boldsymbol{v}^T \boldsymbol{v}, \ \boldsymbol{0}) \tag{3-42}$$

（4）模

四元数的模的定义为：

$$\|\boldsymbol{q}_a\| = \sqrt{s_a^2 + x_a^2 + y_a^2 + z_a^2} \tag{3-43}$$

可以验证，两个四元数乘积的模即为模的乘积。这保证了单位四元数相乘后仍为单位四元数。

$$\|\boldsymbol{q}_a \boldsymbol{q}_b\| = \|\boldsymbol{q}_a\| \|\boldsymbol{q}_b\| \tag{3-44}$$

（5）逆

一个四元数的逆为

$$\boldsymbol{q}^{-1} = \boldsymbol{q}^* / \|\boldsymbol{q}\|^2 \tag{3-45}$$

按此定义，四元数和自身的逆的乘积为实四元数 1，如果为单位四元数，其逆和共轭就是同一个量。

（6）数乘与点乘

与矢量相似，四元数可以与数相乘：

$$k\boldsymbol{q} = (ks, \ k\boldsymbol{v}) \tag{3-46}$$

点乘是指两个四元数每个位置上的数值分别相乘：

$$\boldsymbol{q}_a \cdot \boldsymbol{q}_b = s_a s_b + x_a x_b \mathrm{i} + y_a y_b \mathrm{j} + z_a z_b \mathrm{k} \tag{3-47}$$

可以用四元数来表达对点的旋转。假设一个空间三维点 $\boldsymbol{p} = (p_x, \ p_y, \ p_z)$，以及一个由轴角 $\boldsymbol{n}$ 和 θ 指定的旋转，三维点 $\boldsymbol{p}$ 经过旋转之后变成了 $\boldsymbol{p}'$。如果用矩阵描述，那么就有 $\boldsymbol{p}' = \boldsymbol{Rp}$。而如果用四元数描述旋转，则这两个点关系的表达方式又会有所不同。

首先，把三维空间点用一个虚四元数表示：

$$\boldsymbol{p} = (0, \ p_x, \ p_y, \ p_z) = (0, \ \boldsymbol{v}) \tag{3-48}$$

这相当于把四元数的三个虚部与空间坐标系的三个轴对应。然后，参考式（3-36），用四元数 $\boldsymbol{q}$ 来表示这个旋转：

$$\boldsymbol{q} = \left(\cos\frac{\theta}{2}, \ \boldsymbol{n}\sin\frac{\theta}{2}\right) \tag{3-49}$$

那么旋转后的 $\boldsymbol{p}'$ 即可表示为

$$\boldsymbol{p}' = \boldsymbol{q} \boldsymbol{p} \boldsymbol{q}^{-1} \tag{3-50}$$

任意单位四元数都可以用来描述一个旋转，反之该旋转也可用旋转矩阵或旋转矢量来描述。从旋转矢量到四元数的转换方式已在式（3-37）中给出，因此，现在看来把四元数转换为矩阵的最直观方法，是先把四元数 $\boldsymbol{q}$ 转换为轴角 θ 和 $\boldsymbol{n}$，然后再根据罗德里格斯公式转换为矩阵。不过这样需要计算一次反余弦函数（arccos），计算量比较大。实际上这个计算是可以通过一定的技巧绕过的。这里省略了推导过程，直接给出从四元数到旋转矩阵的转换方式。

设四元数 $q = q_0 + q_1\mathrm{i} + q_2\mathrm{j} + q_3\mathrm{k}$，对应的旋转矩阵 R 为

$$R = \begin{pmatrix} 1 - 2q_2^2 - 2q_3^2 & 2q_1q_2 - 2q_0q_3 & 2q_1q_3 + 2q_0q_2 \\ 2q_1q_2 + 2q_0q_3 & 1 - 2q_1^2 - 2q_3^2 & 2q_2q_3 - 2q_0q_1 \\ 2q_1q_3 - 2q_0q_2 & 2q_2q_3 + 2q_0q_1 & 1 - 2q_1^2 - 2q_2^2 \end{pmatrix} \tag{3-51}$$

反之，由旋转矩阵到四元数的转换如下：

$$q_0 = \frac{\sqrt{\mathrm{tr}(R) + 1}}{2},\ q_1 = \frac{m_{23} - m_{32}}{4q_0},\ q_2 = \frac{m_{31} - m_{13}}{4q_0},\ q_3 = \frac{m_{12} - m_{21}}{4q_0} \tag{3-52}$$

值得一提的是，由于 q 和 $-q$ 表示同一旋转，事实上一个 R 所对应的四元数表示并不是唯一的。同时，除了上面给出的转换方式外，还存在着其他几种计算方法，本书不做详细讨论。在实际的编程过程中，当 q_0 接近 0 时，其余三个分量会特别大，导致解不稳定，此时再考虑用其他的方式进行转换。无论是四元数、旋转矩阵还是轴角，它们都可以用来描述同一个旋转，应该根据实际情况来选择最为方便的形式，而不是拘泥于某种特定的形式。

3.2 机器人运动学

机器人运动学包括正向运动学和逆向运动学。正向运动学，即给定机器人各关节变量，计算机器人末端的位置姿态；逆向运动学，即已知机器人末端的位置姿态，计算机器人对应的全部关节变量。一般正向运动学的解是唯一的且容易获得，而逆向运动学往往有多个解而且分析起来也较为复杂。机器人逆运动分析是运动规划和控制中的重要问题，但由于机器人逆运动问题的复杂性和多样性，无法建立通用的解析算法。逆运动学问题实际上是一个非线性超越方程组的求解问题，其中包括解的存在性、唯一性及求解的方法等。

可以把机器人操作臂看成一个开式运动链，它是由一系列连杆通过转动或移动关节串联而成，开链的一端固定在基座上，另一端是自由的，安装上工具用来操作物体，以完成各种作业。关节由驱动器驱动，关节的相对运动导致连杆的运动，使手爪到达所需的位姿。在规划轨迹时，人们最感兴趣的就是末端执行器相对于固定参考系的空间描述。为了研究操作臂各连杆之间的位移关系，可在每个连杆上设定一个坐标系，然后描述这些坐标系之间的关系。Denavit 和 Hartenberg 提出一种通用的方法（D-H 方法），用一个 4×4 的齐次变换矩阵描述相邻两连杆的空间关系，从而推导出"手爪坐标系"相对于"参考系"的等价齐次变换矩阵，建立操作臂的运动方程。

3.2.1 连杆参数

机械臂通常是由转动关节和移动关节构成的，每个关节有 1 个自由度，因此，6 自由度的操作臂由 6 个连杆和 6 个关节组成。如图 3-9 所示，基座称为连杆 0，不包含在这 6 个连杆内。连杆 1 与基座由关节 1 相连接；连杆 2 与连杆 1 通过关节 2 相连接，依次类推。

三维空间中的任意两个关节轴之间的距离均为一个确定值，两个关节轴之间的距离即为

两关节轴之间的**公垂线的长度**。两关节轴的公垂线总是存在的，当两关节轴不平行时（见图3-10a），公垂线只有一条；当两关节轴平行时（见图3-10b），则存在无数条长度相等的公垂线。如图3-10所示，关节轴$i-1$与关节轴i之间公垂线的长度为a_{i-1}，即**连杆长度**。

现在来定义两关节轴相对位置的第二个参数——**连杆转角**。假设构造一个平面，并使该平面与两关节轴之间的公垂线垂直，然后把关节轴$i-1$与关节轴i投影到该平面上，该在平面内轴$i-1$按照右手法则绕a_{i-1}转向轴i，测量两轴线之间的夹角，用转角α_{i-1}定义连杆$i-1$的扭转角，即连杆转角。当两个关节轴线相交时，两轴线之间的夹角可以在两者所在平面中测量，但是此时α_{i-1}没有意义，在这种特殊情况下，α_{i-1}的大小和符号可以任意选取。

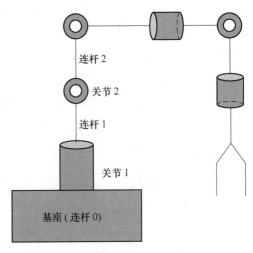

图3-9 机器人的关节和连杆

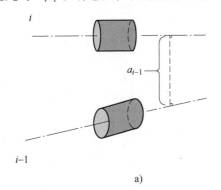
a)

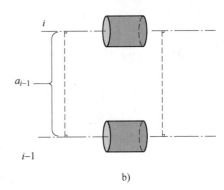
b)

图3-10 连杆的描述
a) 两关节轴不平行 b) 两关节轴平行

1. 中间连杆

如图3-11所示，相邻两连杆$i-1$和i由关节i相连，所以有两条共公垂线与关节轴线i垂直，每条公垂线代表一条连杆，a_{i-1}代表连杆$i-1$，a_i代表连杆i。两条公垂线a_{i-1}和a_i之间的距离记为d_i，该参数称为**连杆偏距**，a_{i-1}和a_i之间的夹角记为θ_i，该参数称为**关节角**。d_i和θ_i都带有正负号。d_i表示a_{i-1}与轴线i的交点到a_i与轴线i的交点间的距离，沿轴线i测量；θ_i表示a_{i-1}和a_i之间的夹角，绕轴线i由a_{i-1}到a_i测量。连杆长度恒为正，但是连杆转角（扭角）可正可负。

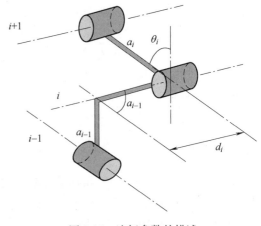

图3-11 连杆参数的描述

2. 首、末连杆

连杆的长度 a_i 和连杆转角 α_i 取决于关节轴线 i 和 $i+1$，对于运动链中的首、末连杆，其参数习惯设定为 0，即 $a_0=a_n=0$，$\alpha_0=\alpha_n=0$。接下来按照上面的规定对连杆偏距和关节角进行定义。如果在关节 1 处转动关节，则 θ_1 的零位可以任意选取，并且规定 $d_1=0$。同样，如果关节为移动关节，则 d_1 的零位可以任意选取，并且规定 $\theta_1=0$。这种规定完全适用于关节 n。

因此，机器人的每个连杆都可以用四个运动学参数来描述，其中两个参数用于描述连杆本身，另外两个参数用于描述连杆之间的连接关系。通常，对于转动关节，关节角 θ_i 是关节变量，其他三个参数固定不变；对于移动关节，连杆偏距 d_i 为关节变量，其他三个连杆参数不变。这种描述机构运动的方法首先是由 Denavit 和 Hartenberg 提出来的，称为 D-H 方法。

3.2.2 连杆坐标系

为了描述每个连杆与相邻连杆之间的相对位置关系，需要在每个连杆上定义一个坐标系。根据连杆的编号对连杆上的固连坐标系进行命名，因此，固连在连杆 i 上的固定坐标系记为坐标系 $\{i\}$，下面讨论确定连杆坐标系的方法。

1. 中间连杆

坐标系 $\{i-1\}$ 的 z 轴 z_{i-1} 与关节轴 $i-1$ 共线，指向任意；

坐标系 $\{i-1\}$ 的 x 轴 x_{i-1} 与连杆 $i-1$ 的公垂线重合，指向由关节轴 $i-1$ 到关节轴 i，当 $a_{i-1}=0$ 时，则取 $x_{i-1}=\pm z_i \times z_{i-1}$。

坐标系 $\{i-1\}$ 的 y 轴 y_{i-1} 由坐标系的右手法则确定。

坐标系 $\{i-1\}$ 的原点 O_{i-1} 取在 x_{i-1} 和 z_{i-1} 的交点上，当 z_{i-1} 与 z_i 相交时，原点取在两轴的交点上，当 z_{i-1} 与 z_i 平行时，原点取在使 $d_i=0$ 的地方，如图 3-12 所示。

2. 首、末连杆

基座坐标系与基座固连，由于这个坐标系在机器人运动过程中始终保持不动，所以在研究机器人运动学问题时，可以将其作为参考坐标系。基坐标系 $\{0\}$ 原则上可以任意规定，但是为了简单起见，总是规定第一个关节变量为零时，基坐标系 $\{0\}$ 与连杆坐标系 $\{1\}$ 重合。即总有 $a_0=\alpha_0=0$，且当关节 1 为转动关节时，$d_1=0$；当关节 1 为移动关节时，$\theta_1=0$。

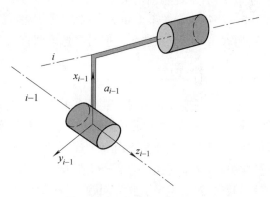

图 3-12 连杆坐标系的设定

末端连杆坐标系 $\{n\}$ 的规定与基坐标系 $\{0\}$ 相似，对于转动关节 n，设定 $\theta_n=0$。此时 x_n 与 x_{n-1} 重合，选取坐标系 $\{n\}$ 的原点位置使之满足 $d_n=0$；对于移动关节 n，设定 x_n 轴方向使之满足 $\theta_n=0$。当 $d_n=0$ 时，选取坐标系 $\{n\}$ 的原点位于 x_{n-1} 轴与关节轴 n 的交点位置。

值得注意的是，连杆坐标系的设定并不是唯一的，例如，虽然 z_{i-1} 与关节轴 $i-1$ 一致，

但是 z_{i-1} 的指向并不确定；当 z_{i-1} 与 z_i 相交时，x_{i-1} 的指向也有两种选择；当 z_{i-1} 与 z_i 平行时，坐标系 $\{i-1\}$ 的原点的选择也有一定的任意性；此外，对于移动关节，坐标系的规定也会出现一定的任意性。选择不同的连杆坐标系，相应的连杆参数也会发生改变。

3. 连杆参数归纳

按上述规定将连杆坐标系固连于连杆上时，连杆参数可定义如下：

1）a_i 为从 z_i 到 z_{i+1} 沿 x_i 测量的距离。
2）α_i 为从 z_i 到 z_{i+1} 绕 x_i 旋转的角度。
3）d_i 为从 x_{i-1} 到 x_i 沿 z_i 测量的距离。
4）θ_i 为从 x_{i-1} 到 x_i 绕 z_i 旋转的角度。
5）若代表连杆 $i-1$ 的长度的 a_i 大于 0，则其余三个参数可正可负。

4. 建立连杆坐标系的步骤

对于一个新机构，可以按下面的步骤建立连杆坐标系。

基本原则：先建立中间连杆坐标系 $\{i\}$，再建立首、末连杆坐标系 $\{0\}$ 和 $\{n\}$。

1）找出各关节轴（确定 z_i 轴）：找出关节轴线和关节转向，用右手定则确定 z_i 轴的指向。

2）确定坐标系原点：两相邻轴线 z_i 与 z_{i+1} 相交，则交点为坐标原点；如果不相交则两轴线公垂线与轴线 i 的交点为坐标原点，平行时的原点选择应使偏距为零；如果重合则原点应使偏距为零。

3）确定 x_i 轴：当两轴线不相交时，规定 x_i 轴与公垂线重合且沿公垂线的指向；若两轴线相交，则规定 $x_i = \pm z_i \times z_{i+1}$。

4）按右手定则确定 y_i 轴。

5）当第一个关节变量为零时，规定坐标系 $\{0\}$ 和 $\{1\}$ 重合。对于坐标系 $\{n\}$ 其原点和 x_i 轴的方向可以任意选取，但是在选取时注意一条原则：尽量使连杆参数为 0。

3.2.3 连杆变换

为了求解连杆 n 相对于连杆 0 的姿态，需要将问题分割成建立连杆坐标系 $\{i\}$ 相对于连杆坐标系 $\{i-1\}$ 的关系。连杆变换 $_{i}^{i-1}T$ 即为连杆坐标系 $\{i\}$ 相对于连杆坐标系 $\{i-1\}$ 的变换。一般而言，连杆变换由 4 个连杆参数构成，但是对于任意给定的机器人，由于机器人本身的机构，这个变换是只有一个变量的函数，其他 3 个函数都已经由机械系统确定。把一个连杆问题分解成 4 个子变换问题，每一个子变换是仅有一个参数的函数。连杆变换 $_{i}^{i-1}T$ 可以看成是由连杆坐标系 $\{i\}$ 经过 4 个子变换得到：

1）绕 x_{i-1} 轴转 α_{i-1} 角。
2）沿 x_{i-1} 轴移动 a_{i-1}。
3）绕 z_i 轴旋转 θ_i 角。
4）沿 z_i 轴移动 d_i。

因为这些子变换都是相对于动系描述的，按照"从左到右"的原则，得到：

$$_{i}^{i-1}T = \mathrm{Rot}(x, \alpha_{i-1}) \cdot \mathrm{Trans}(x, a_{i-1}) \cdot \mathrm{Rot}(z, \theta_i) \cdot \mathrm{Trans}(z, d_i) \qquad (3\text{-}53)$$

从而得到连杆变换 $_{i}^{i-1}T$ 的通式：

$$^{i-1}_{i}T = \begin{pmatrix} \cos\theta_i & -\sin\theta_i & 0 & a_{i-1} \\ \sin\theta_i\cos\alpha_{i-1} & \cos\theta_i\cos\alpha_{i-1} & -\sin\alpha_{i-1} & -d_i\cdot\sin\alpha_{i-1} \\ \sin\theta_i\sin\alpha_{i-1} & \cos\theta_i\sin\alpha_{i-1} & \cos\alpha_{i-1} & d_i\cdot\cos\alpha_{i-1} \\ 0 & 0 & 0 & 1 \end{pmatrix} \quad (3\text{-}54)$$

因为一个连杆变换矩阵只与一个参数有关，以下用 q_i 表示第 i 个关节变量。对于转动关节，$q_i=\theta_i$；对于移动关节，$q_i=d_i$。

将各个连杆变换 $^{i-1}_{i}T(i=1,2,\cdots,n)$ 相乘，得

$$^{0}_{n}T = {}^{0}_{1}T \cdot {}^{1}_{2}T \cdot \cdots \cdot {}^{n-1}_{n}T \quad (3\text{-}55)$$

其中，$^{0}_{n}T$ 为手臂变换矩阵。它是 n 个关节变量的函数，表示末端连杆坐标系 $\{n\}$ 相对于基坐标系 $\{0\}$ 的描述。

3.2.4 逆解的存在性与工作空间

由上一小节可知：

$$^{0}_{n}T = {}^{0}_{1}T \cdot {}^{1}_{2}T \cdot \cdots \cdot {}^{n-1}_{n}T = {}^{0}_{1}T \cdot q_1 \cdot {}^{1}_{2}T \cdot q_2 \cdot \cdots \cdot {}^{n-1}_{n}T \cdot q_n = \begin{pmatrix} n_x & o_x & a_x & p_x \\ n_y & o_y & a_y & p_y \\ n_z & o_z & a_z & p_z \\ 0 & 0 & 0 & 1 \end{pmatrix} \quad (3\text{-}56)$$

逆运动学就是根据机器人末端的位姿计算相应的关节变量。逆解是否存在取决于操作臂的**工作空间**。工作空间是操作臂末端执行器所能达到的范围，如目标点在工作空间内，则解存在。工作空间又分为**灵巧工作空间**和**可达工作空间**。灵巧工作空间是指机器人的末端执行器能够从各个方向到达的空间区域。也就是说，机器人末端执行器可以从任意方向到达灵巧工作空间的每一个点。可达工作空间是指机器人至少从一个方向上有一个方位可以达到的空间。显然，灵巧工作空间是可达工作空间的子集。

在解机器人运动学方程时，会碰到的另一个问题就是其解的不唯一性（即有多重解）。决定机器人操作臂逆运动学解的数目的因素有三个：**关节数目、连杆参数和关节变量的活动范围**。一般而言，非零连杆的参数越多，到达某一目标的方式也越多，即逆运动学解的数目也越多。对于具有 6 个旋转关节的机器人，表 3-1 列出了逆运动学解的最大数目与长度非零的连杆数目之间的关系。长度非零的连杆数目越多，逆运动学解的数目也越多。

表 3-1 逆运动学解数目与连杆长度非零的数目之间的关系

a_i	逆运动学解数目
$a_1 = a_3 = a_5 = 0$	≤ 4
$a_3 = a_5 = 0$	≤ 8
$a_3 = 0$	≤ 16
$a_i \neq 0$	≤ 16

如何从多重解中选择其中的一组，需要根据具体的情况而定。在避免碰撞的前提下，通常按"最短行程"的准则来择优选取，即使每个关节的移动量为最小，由于工业机器人前面的三个连杆的尺寸较大，后面的三个较小，故应加权处理，遵循"多移动小关节，少移

动大关节"的原则。

3.2.5 逆解的求解方法

对于 $n(n < 9)$ 自由度机器人存在如下的非线性逆运动学方程组:

$$\begin{cases} \boldsymbol{n}_{3\times1} = \boldsymbol{n}(\boldsymbol{q}) = \boldsymbol{n}(q_1, q_2, q_3, \cdots, q_n) \\ \boldsymbol{o}_{3\times1} = \boldsymbol{o}(\boldsymbol{q}) = \boldsymbol{o}(q_1, q_2, q_3, \cdots, q_n) \\ \boldsymbol{a}_{3\times1} = \boldsymbol{a}(\boldsymbol{q}) = \boldsymbol{a}(q_1, q_2, q_3, \cdots, q_n) \\ \boldsymbol{p}_{3\times1} = \boldsymbol{p}(\boldsymbol{q}) = \boldsymbol{p}(q_1, q_2, q_3, \cdots, q_n) \end{cases} \tag{3-57}$$

与线性方程组不同,非线性方程组没有通用的求解算法。最好是根据已知的机械臂的结构形式来加以定义。如果关节变量能够通过一种算法确定,而且这种算法可以求出与已知位姿相关的全部关节变量,那么操作臂的解便是已知的。对于多重解问题,这个定义的核心正是我们所需要的,因为它可以求出所有的解。因此在求解操作臂问题时不必考虑具体的数值迭代过程,因为数值迭代的方法无法求得全部的解。

操作臂的全部解法可分为两大类:**封闭解法**和**数值解法**。由于数值解法不能求出全部的解,而且计算量大、求解速度慢,所以本书不讨论数值解法。目前人们对数值求解的研究已经构成了一个完整的研究领域,有兴趣的读者可以查阅相关文献。

本书只讨论操作臂的封闭解法,而且解法只针对"封闭形式",即指基于解析形式的解法,或者指对于不高于四次的多项式不用迭代便可完全求解。封闭解法可分为两类:**代数法**和**几何法**。值得注意的是,封闭解的存在有两个充分条件:三个相邻关节线交于一点;三个相邻关节轴相互平行。

1. 封闭解的几何法

如图 3-13 所示为一个 3 自由度机器人简图,已知机器人的末端姿态为 (x, y, ϕ),设 A 点的坐标为 (x, y),在由 l_1、l_2、OA 组成的三角形内,应用余弦定理可解出:

$$|OA|^2 = x^2 + y^2 = l_1^2 + l_2^2 - 2l_1 l_2 \cos(180° - \theta_2) \tag{3-58}$$

得到:

$$\cos\theta_2 = \frac{x^2 + y^2 - l_1^2 - l_2^2}{2l_1 l_2} \tag{3-59}$$

从而有:

$$\theta_2 = \arccos\left(\frac{x^2 + y^2 - l_1^2 - l_2^2}{2l_1 l_2}\right), \quad \theta_2 \in (-180°, 0) \tag{3-60}$$

其中,x、y 满足 $\sqrt{x^2 + y^2} \le l_1^2 + l_2^2$。

θ_2 可能存在的两个解如图 3-14 所示。

(1) 求 θ_1:

$$\alpha = a\tan2(y, x)$$

$$\cos\beta = \frac{x^2 + y^2 + l_1^2 - l_2^2}{2l_1 \sqrt{x^2 + y^2}} \tag{3-61}$$

$$\theta_1 = \alpha \pm \beta (\theta_2 < 0 \text{ 时},取"+";\theta_2 > 0 \text{ 时},取"-")$$

其中，$atan2$ 为 C 语言中的一个函数，它的返回值为方位角。

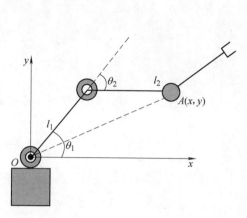

图 3-13　3 自由度机器人简图　　　　图 3-14　两个解的示意图

（2）求 θ_3：

$$\theta_3 = \phi - \theta_2 - \theta_1 \tag{3-62}$$

2. 封闭解的代数法

封闭解的代数法的主要方法为 Paul 的反变换法等，例如 Puma560 机器人的运动学方程可写成：

$$^0_6T = {}^0_1T \cdot {}^1_2T \cdot \cdots \cdot {}^5_6T = {}^0_1T \cdot \theta_1 \cdot {}^1_2T \cdot \theta_2 \cdot \cdots \cdot {}^5_6T \cdot \theta_6 = \begin{pmatrix} n_x & o_x & a_x & p_x \\ n_y & o_y & a_y & p_y \\ n_z & o_z & a_z & p_z \\ 0 & 0 & 0 & 1 \end{pmatrix} \tag{3-63}$$

首先，用 ${}^0_1T^{-1} \cdot \theta_1 \cdot {}^0_6T = {}^1_2T \cdot \theta_2 \cdot \cdots \cdot {}^5_6T \cdot \theta_6$，即：

$$\begin{pmatrix} c_1 & s_1 & 0 & 0 \\ -s_1 & c_1 & 0 & 0 \\ 0 & 0 & 1 & 0 \\ 0 & 0 & 0 & 1 \end{pmatrix} \begin{pmatrix} n_x & o_x & a_x & p_x \\ n_y & o_y & a_y & p_y \\ n_z & o_z & a_z & p_z \\ 0 & 0 & 0 & 1 \end{pmatrix} = {}^1_6T \tag{3-64}$$

令等式两边位置为（2，4），即第二行、第四列的元素相等，得到：

$$-s_1 p_x + c_1 p_y = d_3 \tag{3-65}$$

其中，d_3 为连杆 2 与连杆 3 之间的偏距，具体推导请查阅本书参考文献 [7] 中的 Puma560 机器人正运动学模型部分，此处不做详细说明。

得到：

$$\begin{cases} \rho = \sqrt{p_x^2 + p_y^2} \\ \phi = atan2(p_y, p_x) \\ p_x = \rho\cos\phi \\ p_y = \rho\sin\phi \end{cases} \tag{3-66}$$

从而有：

$$\sin(\phi - \theta_1) = \frac{d_3}{\rho}, \quad \cos(\phi - \theta_1) = \sqrt{1 - \frac{d_3^2}{\rho^2}}$$

$$\phi - \theta_1 = atan2\left(\frac{d_3}{\rho}, \pm\sqrt{1 - \frac{d_3^2}{\rho^2}}\right) \tag{3-67}$$

$$\theta_1 = atan2(p_y, p_x) - atan2(d_3, \pm\sqrt{p_x^2 + p_y^2 - d_3^2})$$

再令式（3-64）中的（1,4）元素和（3,4）元素对应相等，得到两个方程，并将 θ_1 代入，得到：

$$a_3 c_3 - d_4 s_3 = k \tag{3-68}$$

其中，$k = \dfrac{2p_x^2 + p_y^2 - a_2^2 - a_3^2 - d_3^2 - d_4^2}{2a_2}$，$a_2$ 为连杆 2 的长度，a_3 为连杆 3 的长度，d_3 为连杆 2 与连杆 3 之间的偏距，d_3 为连杆 3 与连杆 4 之间的偏距。

求得：

$$\theta_3 = atan2(a_3, d_4) - atan2(k, \pm\sqrt{a_3^2 + d_4^2 - k^2}) \tag{3-69}$$

至此，机器人学相关的内容已经基本介绍完毕，其中对有些知识，比如欧拉角的万向锁问题，并没有深入讨论。有兴趣的读者可以做更深入的研究。在下一节，会将本节内容应用到串联机器人的实验平台上。

3.3　工件坐标系与工具坐标系的转换

为了方便地描述物体在空间的位置，常需要进行坐标系之间的变换，将不同坐标系的坐标变换到同一个坐标系，这样能对比位置偏差。关于坐标系的平移变换、旋转变换以及组合变换在上一节已经详细介绍。下面将介绍一种通过测量臂测出的坐标直接求变换矩阵的方法，来找到工件与测量臂坐标系的变换矩阵、夹具与测量臂坐标系的变换矩阵，最后得到工件坐标系与夹具坐标系的变换矩阵。

3.3.1　工件及夹具与测量臂坐标系之间的转换

在工件平台上选择 3 个点：c_1、c_2、c_3。以这三个点来建立工件坐标系，建立坐标的方法如下：以 c_1 为原点；(c_1, c_2) 为 x 轴正向；$(c_1, c_2) \times (c_1, c_3)$ 为 y 轴正向；z 轴根据右手定则得到。c_1、c_2、c_3 在测量臂下的坐标见表 3-2。

表 3-2　测量臂坐标系下工件上的三个点

	x	y	z
c_1	-748.417	-79.7472	14.7435
c_2	-844.312	-51.5027	15.3445
c_3	-705.839	64.152	14.5052

由于工件上这三点的坐标已知，按照上一小节的内容很容易建立起工件坐标系与测量臂坐标系的转换关系，用编程实现。最关键的部分是利用三个点建立坐标系，具体的代码如下：

```
void buildcoordinata(double c1[3],double c2[3],double c3[3],double bi[4][4])
{   double n,h;
    bi[0][3]=c1[0];bi[1][3]=c1[1];bi[2][3]=c1[2];bi[3][0]=0;bi[3][1]=0;
    bi[3][2]=0;bi[3][3]=1;
    h=1/sqrt(pow((c2[0]-c1[0]),2)+pow((c2[1]-c1[1]),2)+pow((c2[2]-c1[2]),2));
    bi[0][0]=(c2[0]-c1[0])*h;bi[1][0]=(c2[1]-c1[1])*h;
    bi[2][0]=(c2[2]-c1[2])*h;
    n=1/sqrt(pow((c3[1]-c1[1])*(c2[2]-c1[2])-(c3[2]-c1[2])*(c2[1]-c1[1]),2)+pow
    (((c3[2]-c1[2])*(c2[0]-c1[0])-(c2[2]-c1[2])*(c3[0]-c1[0])),2)+pow(((c3[0]-
    c1[0])*(c2[1]-c1[1])-(c3[1]-c1[1])*(c2[0]-c1[0])),2));
    bi[0][2]=(-(c3[1]-c1[1])*(c2[2]-c1[2])+(c3[2]-c1[2])*(c2[1]-c1[1]))*n;
    bi[1][2]=(-(c3[2]-c1[2])*(c2[0]-c1[0])+(c2[2]-c1[2])*(c3[0]-c1[0]))*n;
    bi[2][2]=(-(c3[0]-c1[0])*(c2[1]-c1[1])+(c3[1]-c1[1])*(c2[0]-c1[0]))*n;
    bi[0][1]=bi[1][2]*bi[2][0]-bi[2][2]*bi[1][0];
    bi[1][1]=bi[2][2]*bi[0][0]-bi[0][2]*bi[2][0];
    bi[2][1]=bi[0][2]*bi[1][0]-bi[1][2]*bi[0][0];
}
```

经过计算，得到从测量臂坐标系到工件坐标系的变换矩阵为

$$_c^w\boldsymbol{T} = \begin{pmatrix} 0.95924 & 0.282524 & -0.0062134 & -748.417 \\ 0.282528 & 0.959259 & 0.000182481 & -79.747 \\ 0.00601182 & -0.00158042 & -0.999981 & 14.7435 \\ 0 & 0 & 0 & 1 \end{pmatrix} \tag{3-70}$$

同理，在测量臂坐标系下，夹具上三个点的坐标见表3-3。

表3-3 测量臂坐标系下夹具上的三个点

	x	y	z
c_1	-801.256	-92.4439	200.837
c_2	-851.872	-31.393	252.914
c_3	-883.438	21.3123	293.993

所求得的从测量臂坐标系到夹具坐标系的变换矩阵为

$$_c^j\boldsymbol{T} = \begin{pmatrix} 0.533504 & 0.802963 & -0.265753 & -801.256 \\ 0.64349 & 0.589249 & 0.488576 & -92.4439 \\ 0.548903 & 0.0896482 & -0.831065 & 200.837 \\ 0 & 0 & 0 & 0 \end{pmatrix} \tag{3-71}$$

3.3.2 工件与夹具坐标系之间的转换

在得到了测量臂到工件坐标系以及测量臂到夹具坐标系的变换矩阵后，就可以推导出工件到夹具坐标系的变换矩阵。求工件与夹具坐标系之间的变换矩阵的程序如下：

```
int main()
{
    using namespace std;double missile[4][4],base[4][4];double p1[3];
    double p2[3];double p3[3];double p4[3];double p5[3];double p6[3];
    buildcoordinata(p1,p2,p3,missile);
    save_matirx_to_file("Tc-w.txt",missile);
    buildcoordinata(p4,p5,p6,base);
    save_matirx_to_file("Tc-j.txt",base);
    double temp[4][4];
    inverse(base);
    multiply(base,missile,temp);
    save_matirx_to_file("Tj-w.txt",temp);
}
```

经过计算,得到从工件坐标系到夹具坐标系的变换矩阵为

$$_{j}^{w}\boldsymbol{T} = \begin{pmatrix} 0.696862 & 0.465678 & -0.54546 & -122.167 \\ -0.603216 & 0.791957 & -0.094528 & 33.2264 \\ 0.387961 & 0.387961 & 0.832789 & 146.817 \\ 0 & 0 & 0 & 1 \end{pmatrix} \qquad (3\text{-}72)$$

在得到工件坐标系到夹具坐标系的变换矩阵后,就能够通过坐标变换求机器人的位置精度了。

3.3.3 机器人的位置精度

为了得到机器人的位置精度,设计了如图 3-15 所示的实验:任意选取工件上的三个点,控制机器人运动到这三个位置,然后将机器人的位置坐标和计算出来的理论坐标进行对比,从而计算出位置精度。

经过测量,上图中的三点在测量臂下的坐标见表 3-4。

将这三点的坐标左乘从测量臂坐标系到工件坐标系的变换矩阵就可以得到这三点在工件坐标系下的坐标,见表 3-5。

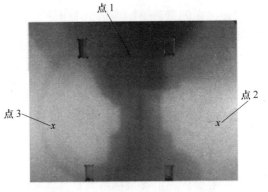

图 3-15 建立工件坐标系的三个点

表 3-4 三点在测量臂坐标系下的坐标

	x	y	z
点 1	617.622915	416.563034	16.112384
点 2	813.520673	477.286926	7.337950
点 3	740.767156	368.979228	16.173469

表 3-5 三点在工件坐标系下的坐标

	x	y	z
点 1	55.367264	2.813742	0.003191
点 2	150.734221	83.279312	0.000217
点 3	-37.239873	83.416391	0.001971

将机器人分别移动到上述三个位置点，读取此时机器人的位置坐标，为了避免出现碰撞，机器人的实际位置是在上述三点上方 20mm 处，见表 3-6。

表 3-6 机器人的位置坐标

	x	y	z
位置 1	-10.6201	53.9149	203.1826
位置 2	98.3812	141.0148	203.1490
位置 3	-37.239873	83.416391	0.001971

经过计算，将机器人在夹具坐标系下的位置坐标转换到工件坐标系中，坐标见表 3-7。

表 3-7 机器人的位置在工件坐标系下的坐标

	x	y	z
位置 1	55.4012	2.7927	20.0121
位置 2	150.7482	83.3033	20.0152
位置 3	-37.2608	83.4414	20.0140

对比表 3-5 和表 3-7 的坐标数据，可得到 x、y、z 这三个方向上的位置精度分别为

$$\xi x = 9.0 \times 10^{-3} \text{mm}, \ \xi y = 9.3 \times 10^{-3} \text{mm}, \ \xi z = 1.2 \times 10^{-2} \text{mm} \tag{3-73}$$

3.3.4 机器人的重复位置精度

在上一小节，通过计算对比三个位置点在工件坐标系下的坐标与机器人移动到这三个点时的位置误差，得到 x、y、z 这三个方向上的位置精度。为了得到重复位置精度，在实验过程中，保持机器人的姿态不变（即四元数不变），多次控制机器人在两个已知点之间移动，用测量臂读取机器人在固定点的坐标，计算重复位置精度。

重复测量 5 次，用测量臂测得的位置坐标见表 3-8。

表 3-8 重复 5 次测量固定点的坐标

	x	y	z
位置 1	576.311966	413.388699	144.985251
位置 2	576.408976	413.268900	144.921804
位置 3	576.348791	413.255838	144.960759
位置 4	576.379720	413.225128	144.961617
位置 5	576.340471	413.219617	144.931931

舍去每组数据的最大值与最小值，采用平均法计算出重复位置精度分别为

$$\xi x = 0.023 \text{mm}, \ \xi y = 0.019 \text{mm}, \ \xi z = 0.010 \text{mm} \tag{3-74}$$

第 4 章

编程基础与实践

本章目标

1. 学会建立 RAPID 程序。
2. 掌握 RAPID 的集成指令。
3. 建立一个可实现基本功能的 RAPID 程序。

对机器人的结构有了整体认知之后,本章将重点介绍如何编程控制机器人运动。对于机器人的控制,除了要掌握机器人底层的硬件结构外,还需要学会上层程序语言的编写。本章的目标就是让读者掌握基本的 RAPID 程序的建立、指令以及运行等,为以后的实践打好基础。

4.1 RAPID 程序的建立

RAPID 程序中包含了一连串机器人的控制指令,执行这些指令可以实现对机器人的控制操作。应用程序是使用 RAPID 编程语言的特定词汇和语法编写而成的。RAPID 是一种英文编程语言,它所包含的指令可以控制机器人运动、设置输出和读取输入,还能实现决策、重复其他指令、构造程序和与系统操作员交流等功能。RAPID 程序的基本架构见表 4-1。

表 4-1 RAPID 程序的基本构架

RAPID 程序			
程序模块 1	程序模块 2	程序模块 3	系统模块
程序数据	程序数据	…	程序数据
主程序 main	例行程序	…	例行程序
例行程序	中断程序	…	中断程序
中断程序	函数	…	函数
函数			

RAPID 程序的构架说明:

1）RAPID 程序是由程序模块与系统模块组成的。一般地，只通过新建程序模块的方式来构建机器人的程序，而系统模块多用于系统方面的控制。

2）可以根据不同的用途来创建多个程序模块，如专门用于主控制的程序模块，用于位置计算的程序模块，用于存放数据的程序模块，这样便于归类管理不同用途的例行程序与数据。

3）每一个程序模块都包含了程序数据、例行程序、中断程序和函数这四种对象，但不一定在一个模块中都有这四种对象，程序模块之间的程序数据、例行程序、中断程序和函数是可以相互调用的。

4）在 RAPID 程序中，只有一个主程序 main，它存在于任意一个程序模块中，作为整个 RAPID 程序执行的起点。

在示教盒中查看 RAPID 程序的具体操作见表 4-2。

表 4-2　在示教盒中查看 RAPID 程序

序号	操作步骤	图　片　说　明
1	在操作界面中选择"程序编辑器"	
2	直接进入主程序，单击"例行程序"，查看例行程序列表	
3	程序模块中包含的所有例行程序都被显示出来，一般包括例行程序（Procedure）、函数（Function）、主程序（Procedure）、中断程序（Trap）	

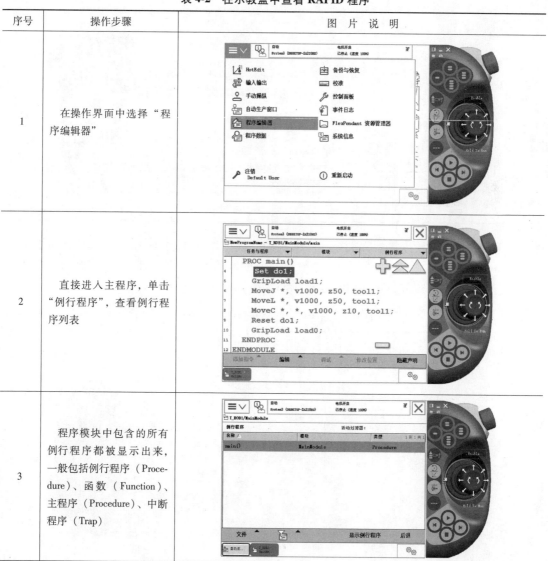

（续）

序号	操作步骤	图片说明
4	单击"后退"后单击"模块"，可以查看模块列表中有系统模块和程序模块，程序模块有多个	
5	单击"关闭"按钮，就可以退出程序编辑器	

接下来介绍建立程序模块和例行程序模块的具体操作（见表4-3）。所有ABB机器人都自带两个系统模块，USER模块与BASE模块。根据机器人的应用不同，有些机器人会配置相应的系统模块，建议不要对任何自动生成的系统模块进行修改。

表4-3 新建程序模块和例行程序模块

序号	操作步骤	图片说明
1	在操作界面中选择"程序编辑器"	

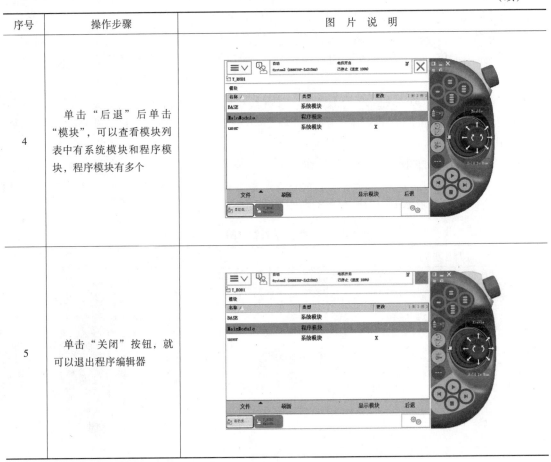

（续）

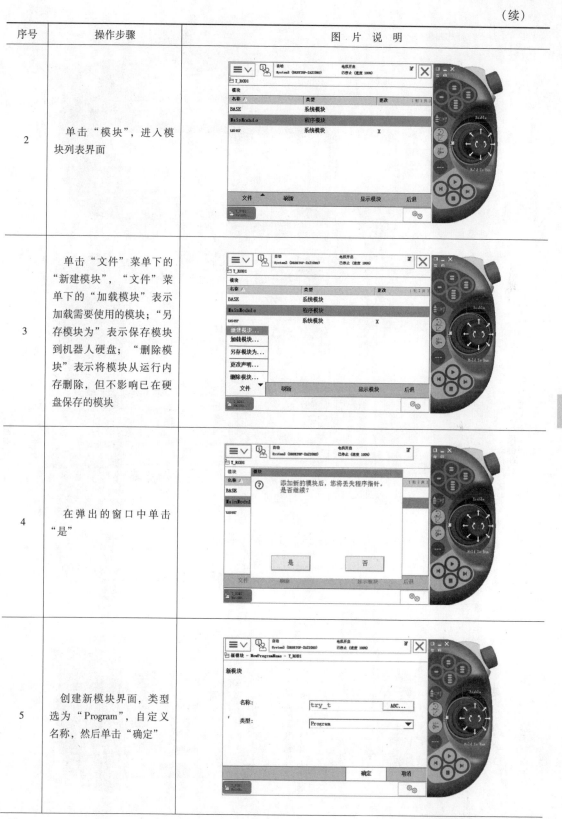

序号	操作步骤	图片说明
2	单击"模块"，进入模块列表界面	
3	单击"文件"菜单下的"新建模块"，"文件"菜单下的"加载模块"表示加载需要使用的模块；"另存模块为"表示保存模块到机器人硬盘；"删除模块"表示将模块从运行内存删除，但不影响已在硬盘保存的模块	
4	在弹出的窗口中单击"是"	
5	创建新模块界面，类型选为"Program"，自定义名称，然后单击"确定"	

（续）

序号	操作步骤	图 片 说 明
6	在模块列表中，显示出新建的程序模块，选择模块"try_t"，然后单击"显示模块"	
7	单击"例行程序"进行例行程序的创建	
8	打开"文件"菜单，选择"新建例行程序"，再新建一个例行程序	
9	可以根据自己的需要新建例行程序，用于被主程序 main 调用或例行程序相互调用，名称可以在系统保留字段之外自由定义，单击"确定"完成新建	

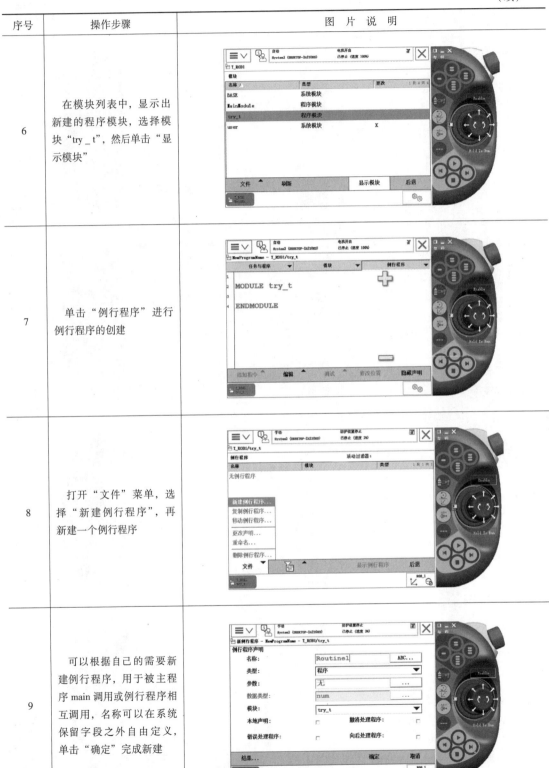

(续)

序号	操作步骤	图片说明
10	单击"显示例行程序",就可以进行编程了	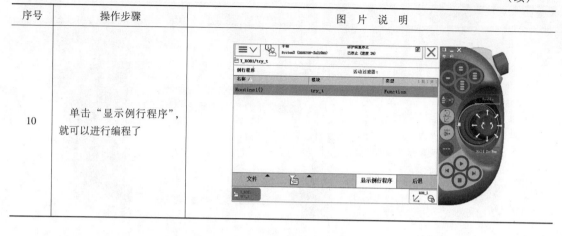

4.2 常用的 RAPID 程序指令

ABB 机器人的 RAPID 编程提供了丰富的指令来完成各种简单与复杂的应用。下面就从最常用的指令开始学习 RAPID 编程,领略 RAPID 丰富的指令集所提供的编程便利性。

表 4-4 为在示教盒上进行指令编辑的具体操作。

表 4-4 在示教盒上进行指令编辑

序号	操作步骤	图片说明
1	在操作界面中选择"程序编辑器"	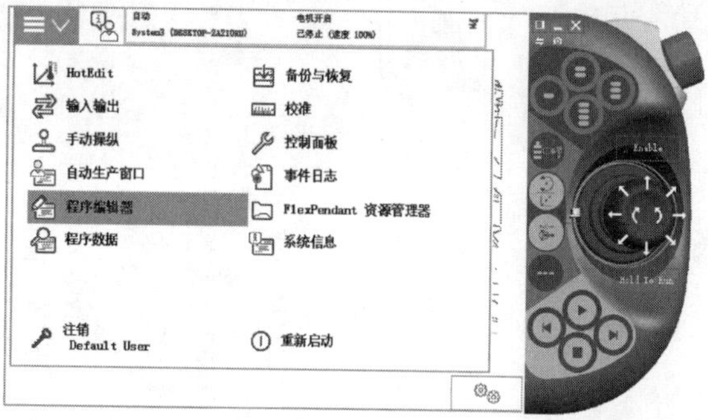
2	单击"显示例行程序",就可以进行编程了	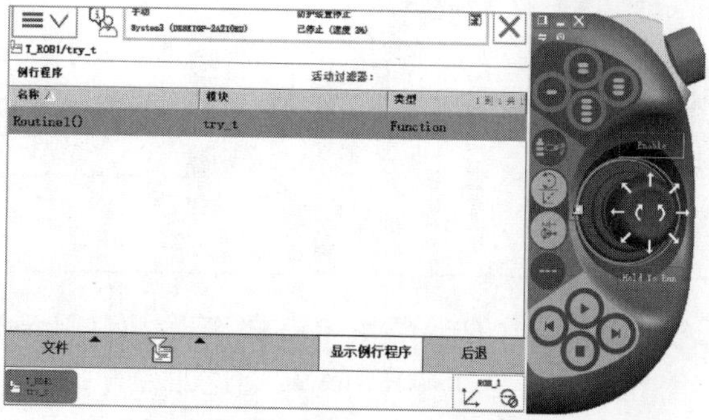

(续)

序号	操作步骤	图片说明
3	选中要插入指令的程序位置，它会显示为高亮（编辑画面的操作技巧：加、减号表示放大、缩小画面；上、下双箭头表示向上、向下翻页；上、下单箭头表示向上、向下移动）	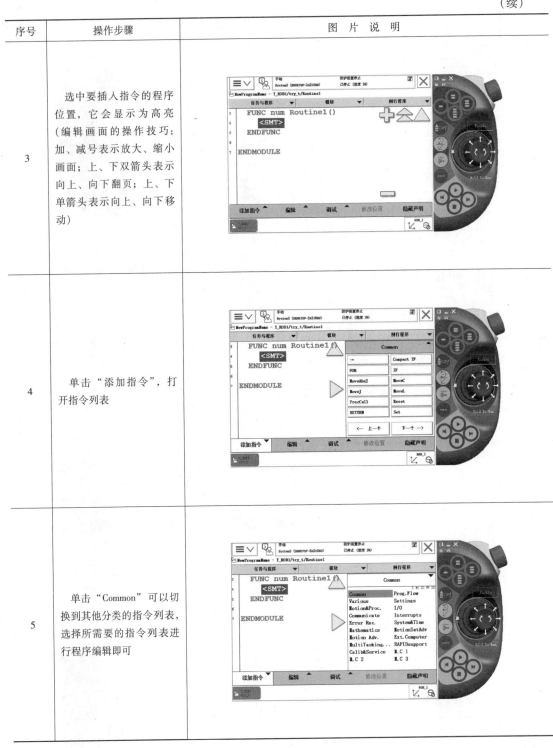
4	单击"添加指令"，打开指令列表	
5	单击"Common"可以切换到其他分类的指令列表，选择所需要的指令列表进行程序编辑即可	

机器人在空间中的运动主要有关节运动（MoveJ）、线性运动（MoveL）、圆弧运动（MoveC）和绝对位置运动（MoveAbsJ）这四种方式。

设置绝对位置运动指令的操作步骤见表4-5。

表4-5 设置绝对位置运动指令

序号	操作步骤	图片说明
1	在主操作界面中选择"手动操纵"	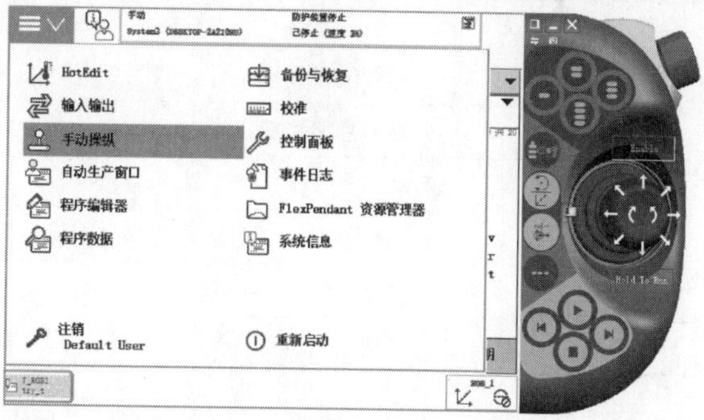
2	确认已选定的工具坐标和工件坐标（注意：在再添加或修改机器人指令之前，一定要确定所使用的工具坐标和工件坐标是否正确）	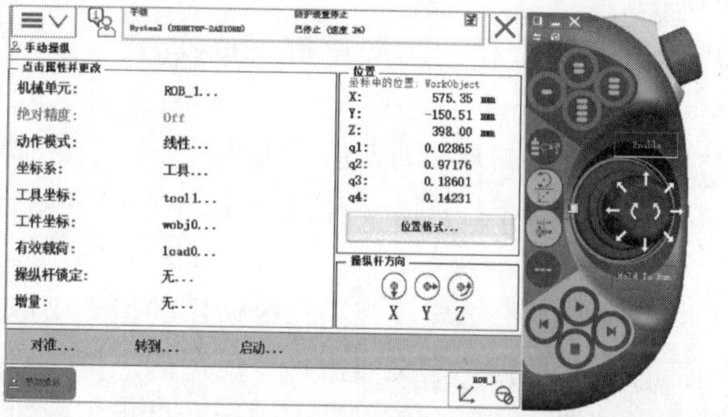
3	在指令列表中选择"MoveAbsJ"指令	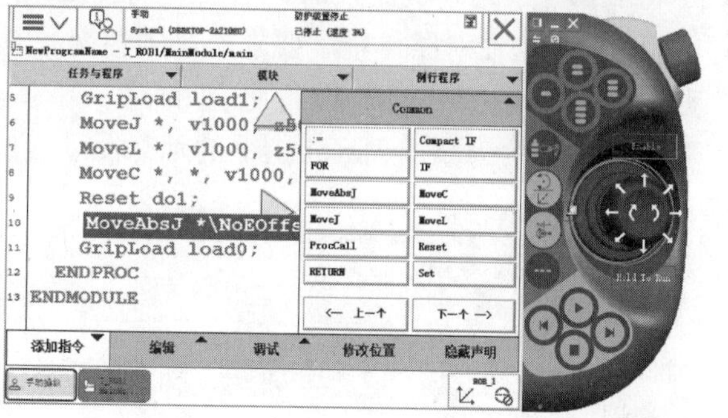
4	单击"添加指令"，关闭指令列表后就可以看到MoveAbsJ指令	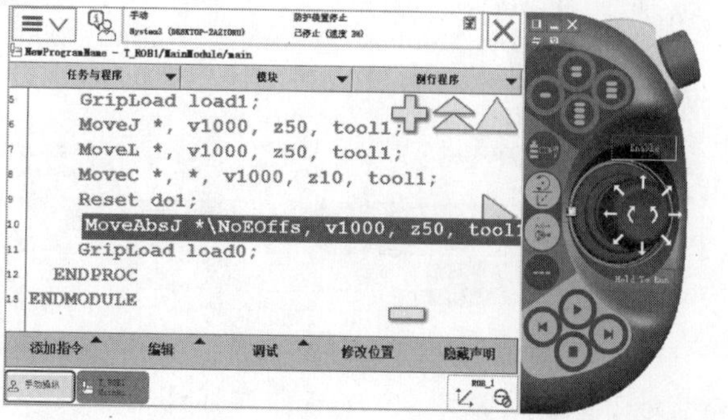

MoveAbsJ 指令中各参数的解析见表 4-6。

表 4-6　MoveAbsJ 指令中各参数的解析

参数	定　义
*	目标点位置数据
\ NoEOffs	外轴不带偏移数据
V1000	运动速度数据，1000mm/s
Z50	转弯区数据（转弯区设置得越大，机器人动作越圆滑和流畅）
Tool1	工具坐标数据
Wobj1	工件坐标数据

1）目标点位置数据：定义机器人 TCP 的运动目标，可以在示教盒中单击"修改位置"进行修改。

2）运动速度数据：定义速度（mm/s），在手动状态下，所有运动速度被限速在 250mm/s。

3）转弯区数据：定义转弯区的大小（mm），转弯区数据 fine，表示机器人 TCP 达到目标点，在目标点速度降为零，等机器人动作有所停顿后再向下运动，如果是一段路径的最后一个点，一定要为 fine。

4）工具坐标数据：定义当前指令使用的工具坐标。

5）工件坐标数据：定义当前指令使用的工件坐标。

6）绝对位置运动指令使机器人在运动过程中通过 6 个轴和外轴的角度值来定义目标位置数据；MoveAbsJ 常用于机器人的 6 个轴回到机械原点的位置。

关节运动指令是在对路径精度要求不高的情况下，机器人的工具中心点（TCP）从一个位置移动到另一个位置，两个位置之间的路径不一定是直线，关节运动对应的指令为 MoveJ。如图 4-1 所示为添加 MoveJ 指令的示意图。

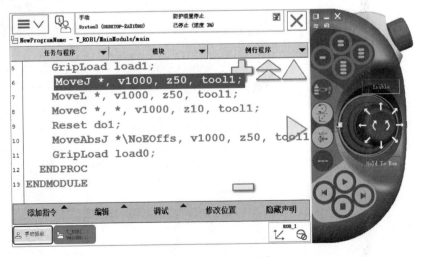

图 4-1　添加 MoveJ 指令

MoveJ 的指令解析见表 4-7。

表 4-7 MoveJ 指令参数解析

参数	定 义
*	目标点位置数据
V1000	运动速度数据，1000mm/s
Z50	转弯区数据（转弯区设置得越大，机器人的动作越圆滑和流畅）
Tool1	工具坐标数据
Wobj1	工件坐标数据

线性运动即机器人的工具中心点（TCP）从起点到终点之间路径始终保持为直线。如图 4-2 所示为添加 MoveL 指令的示意图。

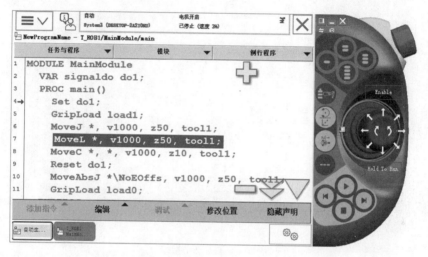

图 4-2 添加 MoveL 指令

圆弧运动要在机器人可到达的空间范围内定义三个位置点，第一个点是圆弧的起点，第二个点用于圆弧的曲率，第三个点是圆弧的终点。如图 4-3 所示为添加 MoveC 指令的示意图。

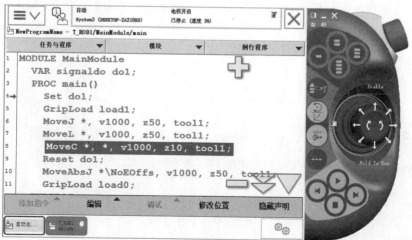

图 4-3 添加 MoveC 指令

4.3 RAPID 指令简介

4.3.1 I/O 控制指令

I/O 控制指令用于控制 I/O 信号,以便机器人与周边设备交换信息。I/O 通信指通过对内嵌入机器人控制器中的 PLC 实现信号的交互,例如打开相应开关作为 PLC 的输出信号,机器人接收到这个输入信号,然后做出相应的反应来实现某项任务。

如图 4-4 所示为添加 Set 指令。Set 是数字信号置位指令,用于将数字输出(Digital Output)置为 1。其中,do1 表示数字输出信号。

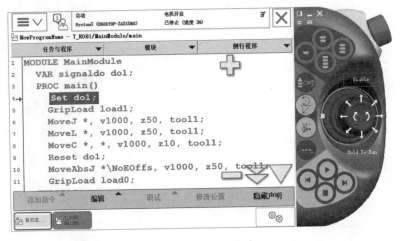

图 4-4 添加 Set 指令

如图 4-5 所示为添加 Reset 指令。Reset 是数字信号复位指令,用于将数字输出(Digital Output)置位为 0。

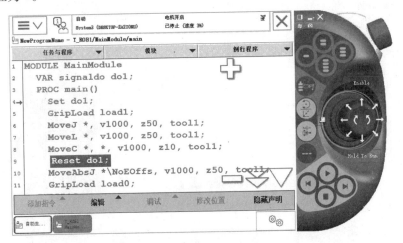

图 4-5 添加 Reset 指令

如果在 Set、Reset 指令前有运动指令 MoveL、MoveJ、MoveC、MoveAbsJ 的转弯区数据,

则必须使用 fine 才可以准确地输出 I/O 信号状态的变化。

如图 4-6 所示为添加 WaitDI 指令。WaitDI 是数字输入信号判断指令，用于判断数字输入信号的值是否与目标一致。WaitDI 指令中各参数的解析见表 4-8。

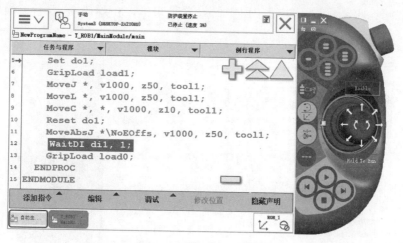

图 4-6　添加 WaitDI 指令

表 4-8　WaitDI 指令参数解析

参　　数	含　　义
di1	数字输入信号
1	判断的目标值

程序在执行此指令时，等待 di1 的值为 1。如果 di1 的值为 1，则程序继续往下执行；如果达到最大等待时间 300s（此时间可以根据实际情况进行设定）以后，di1 的值仍不为 1，则机器人报警或进入出错处理程序。

如图 4-7 所示为添加 WaitDO 指令。WaitDO 是数字输出信号判断指令，用于判断数字输出信号的值是否与目标一致。

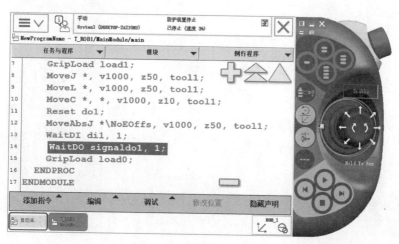

图 4-7　添加 WaitDO 指令

程序在执行此指令时，等待 do1 的值为 1。如果 do1 的值为 1，则程序继续往下执行；如果达到最大等待时间 300s 以后，do1 的值仍不为 1，则机器人报警或进入出错处理程序。

如图 4-8 所示为添加 WaitTime 指令。WaitTime 是时间等待指令，用于程序在等待一段指定的时间以后，再继续向下执行。图中的设置是表示，在等待 4s 以后，程序向下执行指令。

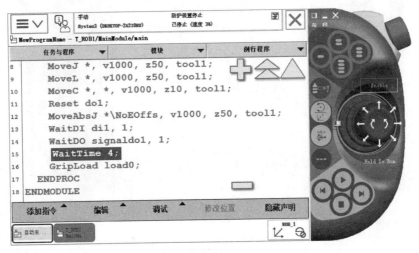

图 4-8　添加 WaitTime 指令

4.3.2　条件逻辑判断指令

条件逻辑判断指令用于对条件进行判断后，执行相应的操作，是 RAPID 的重要组成部分。

CompactIF 是紧凑型条件判断指令，用于当一个条件满足后，就执行一条指令。如图 4-9 所示为添加 CompactIF 紧凑型判断指令。图中的设置是表示，如果 flag1 的状态为 TRUE，则 do1 被置位为 1。

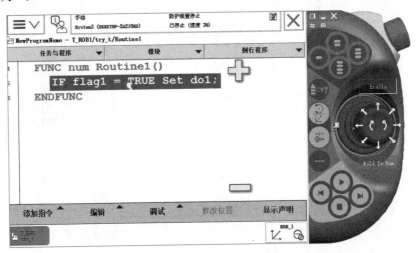

图 4-9　添加 CompactIF 紧凑型判断指令

IF 是条件判断指令，用于根据不同的条件去执行不同的指令。如图 4-10 所示，为添加 IF 条件判断指令。图中的设置表示，如果 num1 为 1，则 flag1 会赋值为 TRUE；如果 num1 为 2，则 flag1 会赋值为 FALSE。除了以上两种条件以外，则执行将 do1 的值置为 1。条件判定的条件数量可以根据实际情况进行增加或减少。

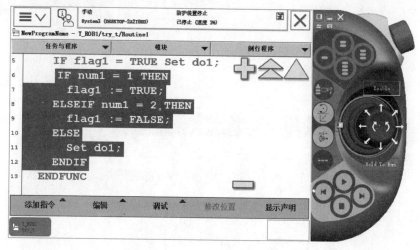

图 4-10　添加 IF 条件判断指令

FOR 是循环指令，适用于一个或多个指令需要重复执行数次的情况。WHILE 是另一种循环指令，用于在给定条件满足的情况下，一直重复执行对应的指令。添加 FOR 循环指令和 WHILE 循环指令分别如图 4-11 和图 4-12 所示。

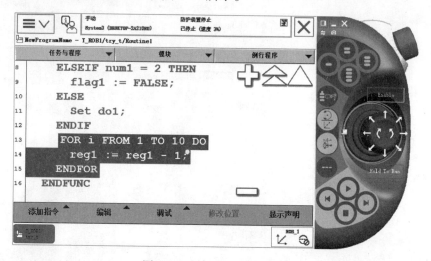

图 4-11　添加 FOR 循环指令

4.3.3　赋值指令

"：="是赋值指令，用于对程序数据进行赋值。赋值的对象可以是一个常量或者是一个数学表达式，下面分别就添加一个常量赋值与数学表达式赋值来说明此指令的使用。

机器人综合实验教程

```
11      Set do1;
12    ENDIF
13    FOR i FROM 1 TO 10 DO
14      reg1 := reg1 - 1;
15    ENDFOR
16    WHILE num1 > num2 DO
17      reg1 := reg1 - 1;
18    ENDWHILE
19  ENDFUNC
```

图 4-12　添加 WHILE 循环指令

常量赋值的具体操作见表 4-9。

表 4-9　常量赋值的具体操作

序号	操作步骤	图　片　说　明
1	在列表中选择": ="	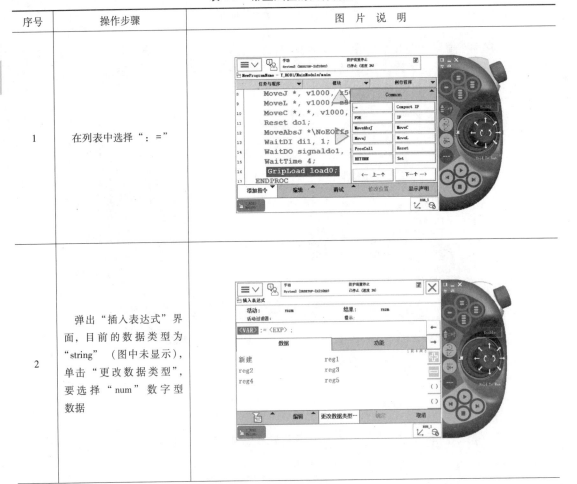
2	弹出"插入表达式"界面，目前的数据类型为"string"（图中未显示），单击"更改数据类型"，要选择"num"数字型数据	

第 4 章 编程基础与实践

（续）

序号	操作步骤	图 片 说 明
3	在列表中找到"num"并选中，然后单击"确定"	
4	数据类型变为 num 数字型，选中"reg1"，然后单击"确定"	
5	选中<EXP>会使其高亮显示	
6	打开"编辑"菜单，选择"仅限选定内容"	

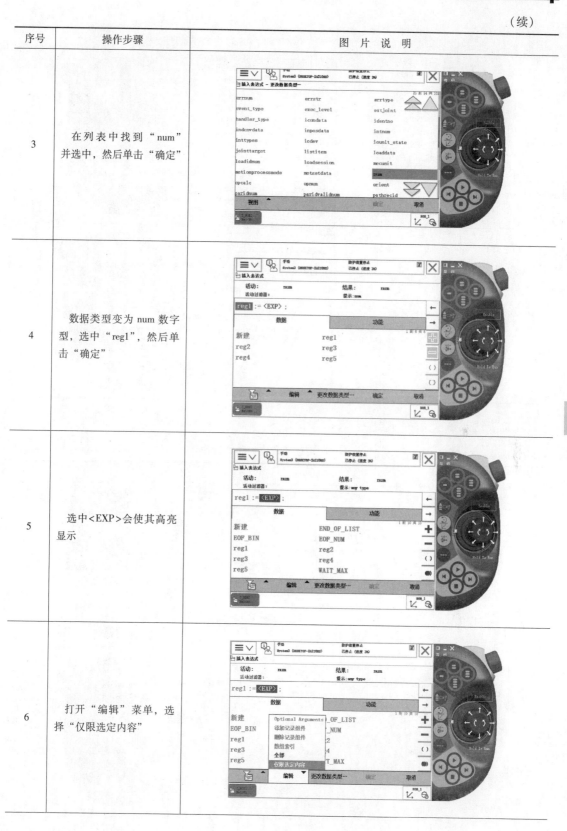

序号	操作步骤	图片说明
7	输入数字"5",然后单击"确定"	
8	在程序的编辑窗口中就能看见所增加的常量赋值指令(见高亮区域)	

添加表达式赋值指令的操作见表 4-10。

表 4-10 表达式赋值的具体操作

序号	操作步骤	图片说明
1	在列表中选择":="	
2	选中"reg2"	

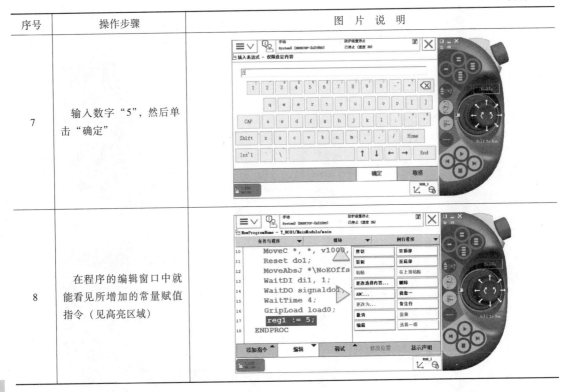

（续）

序号	操作步骤	图 片 说 明
3	选中<EXP>会使其高亮显示	
4	选中"reg1"	
5	单击"+"	
6	选中<EXP>会使其高亮显示	

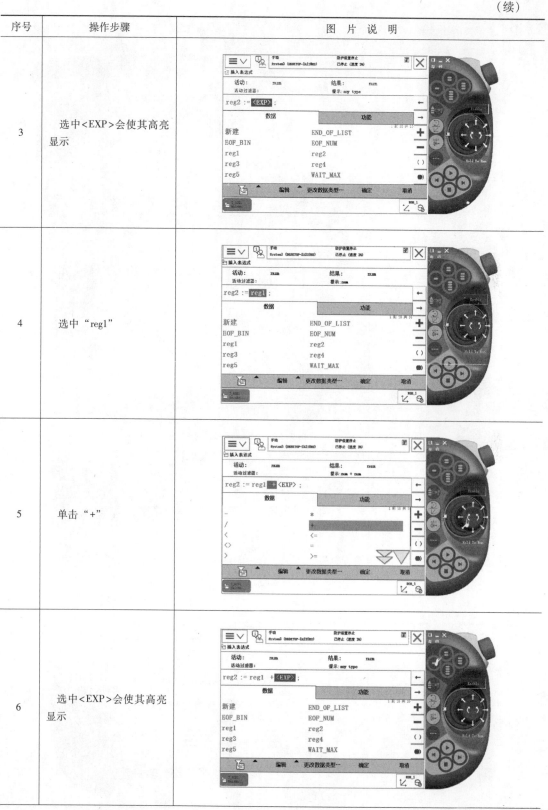

（续）

序号	操作步骤	图片说明
7	打开"编辑"菜单，选择"仅限选定内容"	
8	输入数字"4"，然后单击"确定"	
9	单击"确定"	
10	在程序的编辑窗口中就能看见所增加的表达式赋值指令	

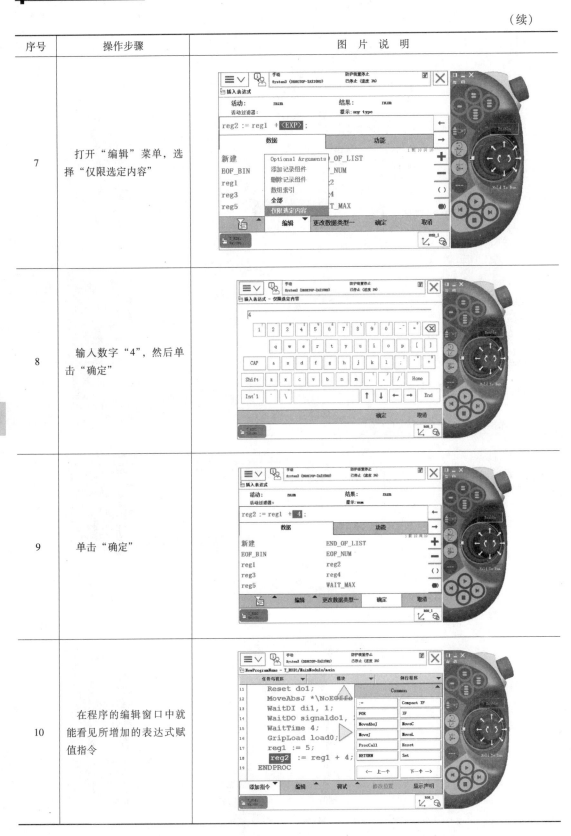

4.4 建立一个可以运行的基本 RAPID 程序

前面介绍了 RAPID 编程的相关操作及基本指令，现在就通过一个简单的实验来体验一下 ABB 机器人的程序编辑过程。

编制一个程序的基本流程：首先，要确定需要多少个程序模块（程序模块的数量是由应用的复杂性所决定的，比如可以将位置计算、程序数据、逻辑控制等分配到不同的程序模块中以方便管理）；然后，确定各个程序模块中要建立的例行程序，不同的函数就要放到不同的程序模块中去，如夹具打开、夹具关闭这样的函数就可以分别建立例行程序，方便调节和管理。

下面小程序的工作要求是：当机器人不工作时，会在位置点 pHome 等待；当外部信号 di1 输入为 1 时，机器人将沿着物体的一条边从 p10 到 p20 走一条直线，结束以后再回到 pHome 点。

建立 RAPID 程序实例的具体操作见表 4-11。

表 4-11 建立 RAPID 程序实例

序号	操作步骤	图 片 说 明
1	在主操作界面中选择"程序编辑器"	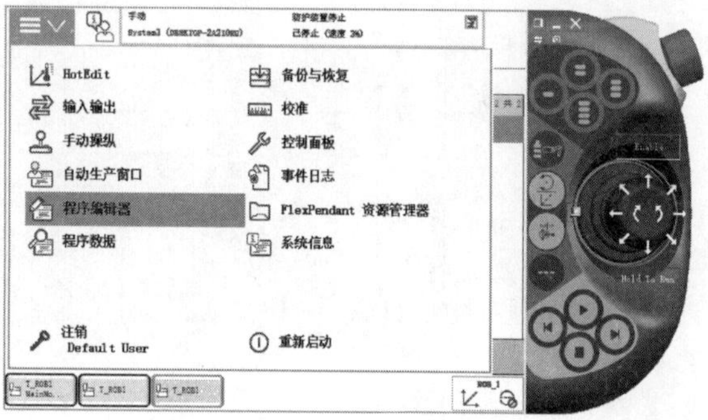
2	在弹出的对话框中单击"取消"	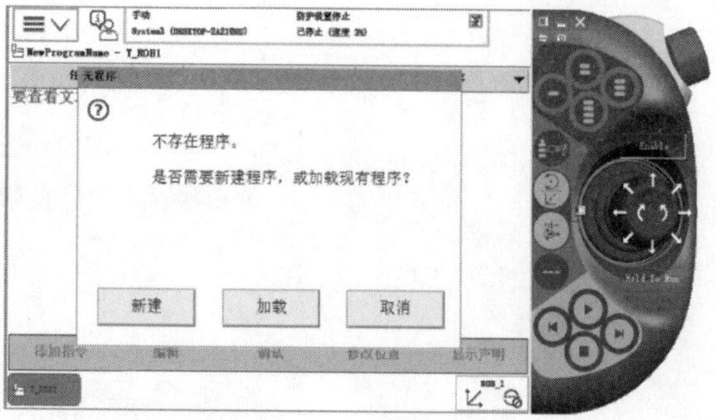

（续）

序号	操作步骤	图 片 说 明
3	单击"文件"菜单，选择"新建模块"	
4	在弹出的对话框中单击"是"	
5	在弹出的新模块名称类型设定界面，通过单击"ABC…"按钮进行模块名称的设定，然后单击"确定"，程序模块的名称可以根据需要自己定义，以方便管理	
6	选中模块"Module1"，然后单击"显示模块"	

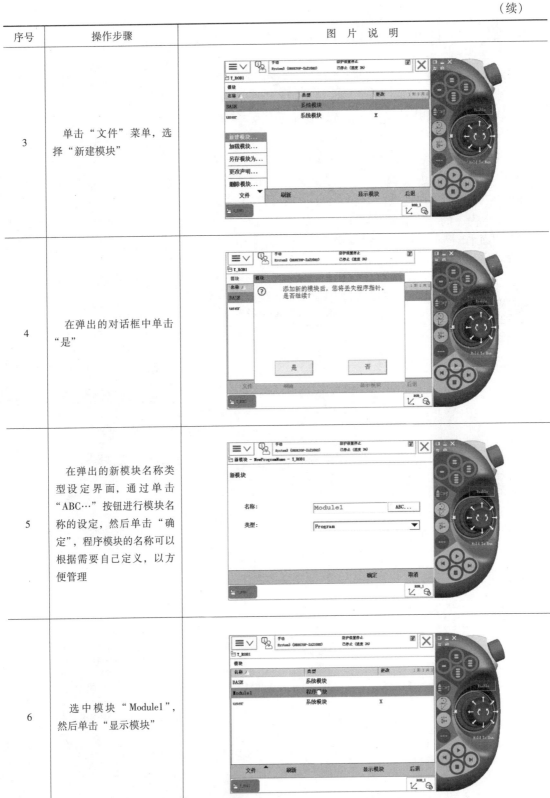

第 4 章 编程基础与实践

（续）

序号	操作步骤	图 片 说 明
7	单击"例行程序"进行例行程序的创建	
8	打开"文件"菜单，选择"新建例行程序"	
9	首先，创建一个主程序，并将其名称设定为"main"；然后，单击"确定"	
10	根据第 8 步和第 9 步依次建立相关的例行程序：rHome( )用于机器人回到等待位置；rInitAll( )用于初始化；rMoveRoutine( )用于存放直线运动路径	

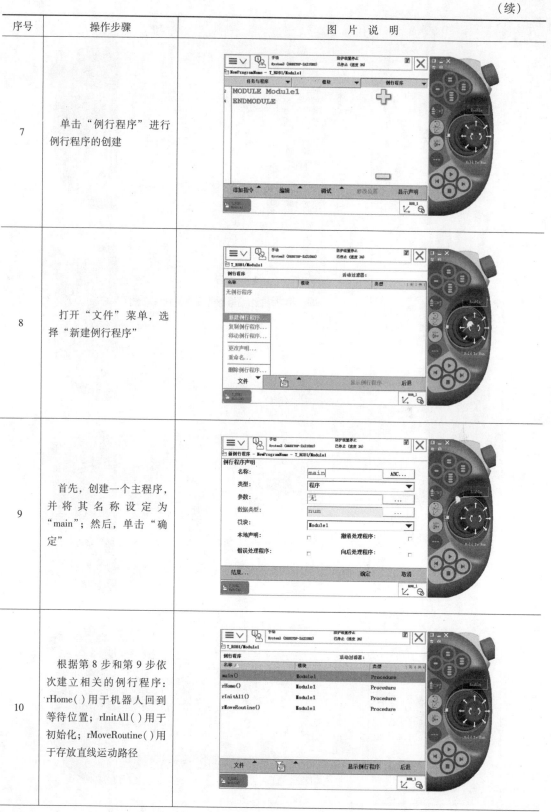

(续)

序号	操作步骤	图 片 说 明
11	返回主操作界面，进入"手动操纵"界面，确认已选择要使用的工具坐标和工件坐标	
12	回到程序编辑器界面，选中rHome()例行程序，然后单击"显示例行程序"	
13	在程序编辑器界面中单击"添加指令"，打开指令列表	
14	在指令列表中选择"MoveJ"	

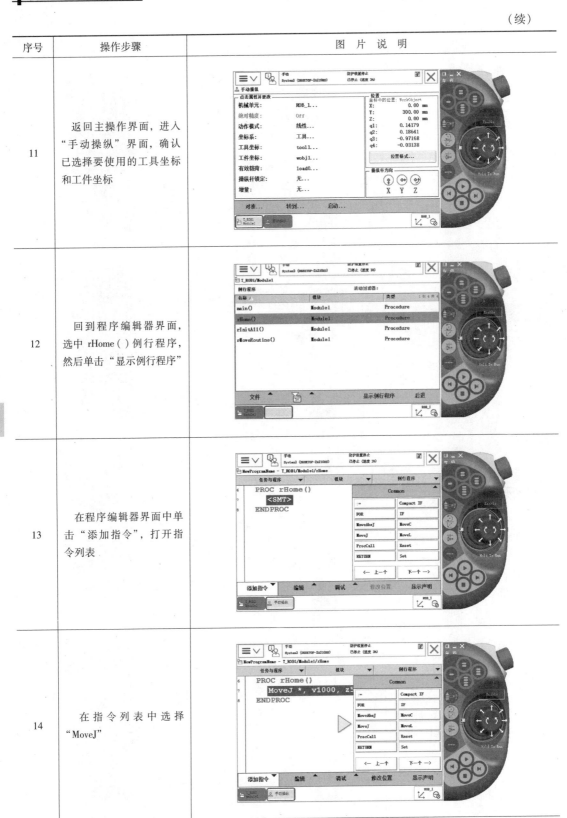

(续)

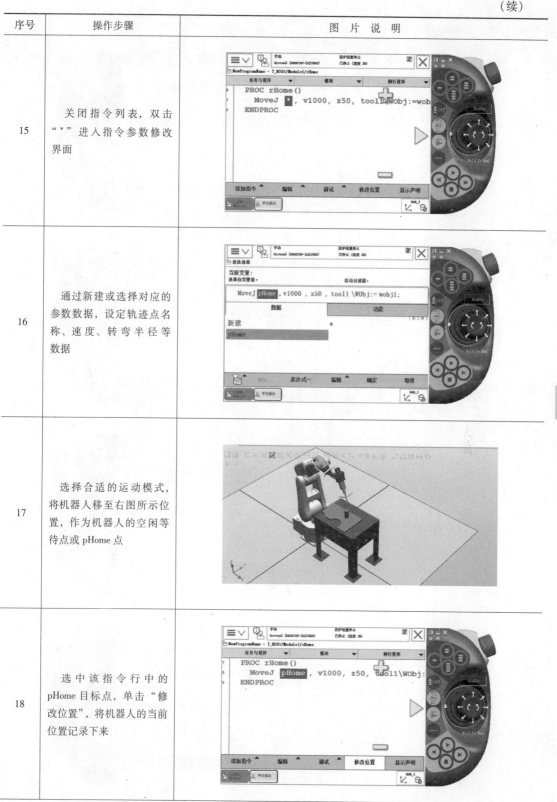

序号	操作步骤	图片说明
15	关闭指令列表，双击"*"进入指令参数修改界面	
16	通过新建或选择对应的参数数据，设定轨迹点名称、速度、转弯半径等数据	
17	选择合适的运动模式，将机器人移至右图所示位置，作为机器人的空闲等待点或 pHome 点	
18	选中该指令行中的 pHome 目标点，单击"修改位置"，将机器人的当前位置记录下来	

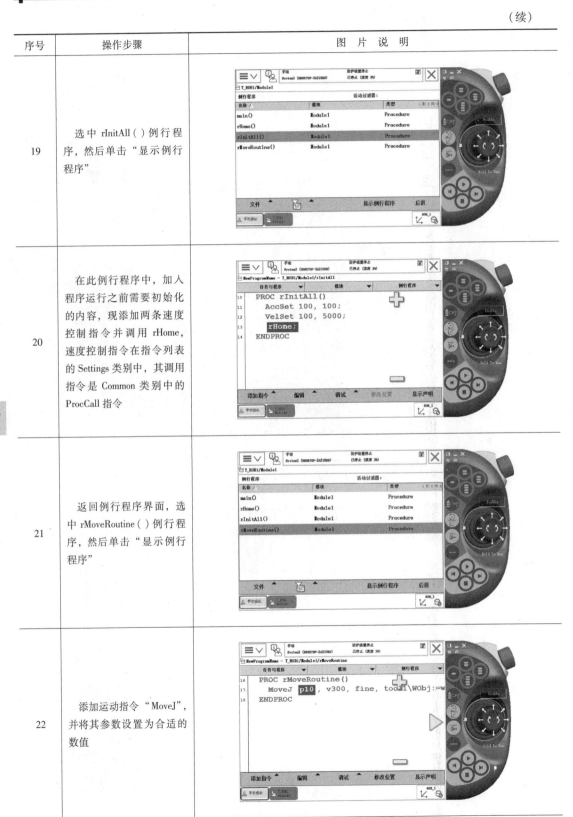

(续)

序号	操作步骤	图片说明
23	选择合适的运动模式，将机器人移至右图所示位置，作为机器人的 p10 点	
24	选中 p10 点，单击"修改位置"，弹出确定界面并单击"修改"，将机器人的当前位置记录到 p10 中	
25	添加运动指令"MoveL"，并将其参数设置为合适的数值	
26	选择合适的运动模式，将机器人移至右图所示位置，作为机器人的 p20 点	

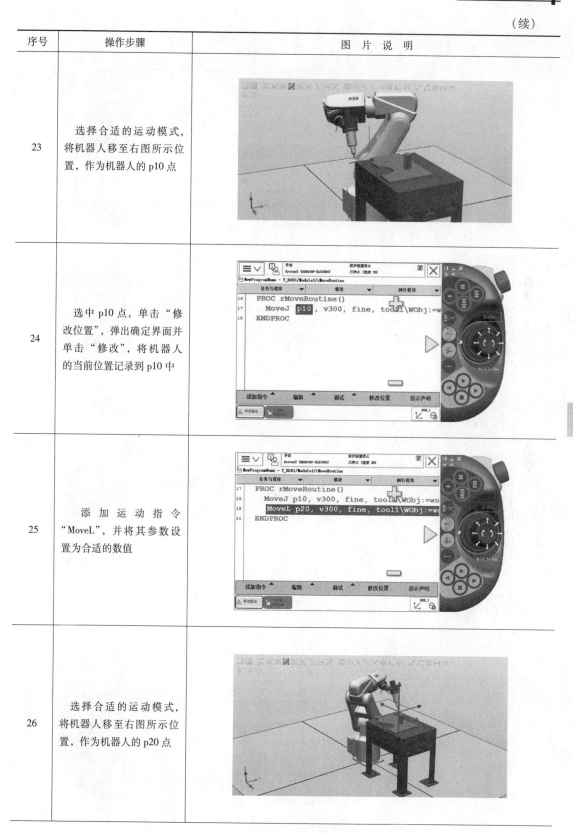

序号	操作步骤	图片说明
27	选中 p20 点，单击"修改位置"，弹出确定界面并单击"修改"，将机器人的当前位置记录到 p20 中	
28	返回例行程序界面，选中 main，然后单击"显示例行程序"	
29	在开始位置调用初始化例行程序 rInitAll	
30	初始化程序只在一开始时执行一次，为将初始化程序与正常程序隔离开，使用 WHILE 循环指令构建一个死循环，并将条件设为 TRUE	

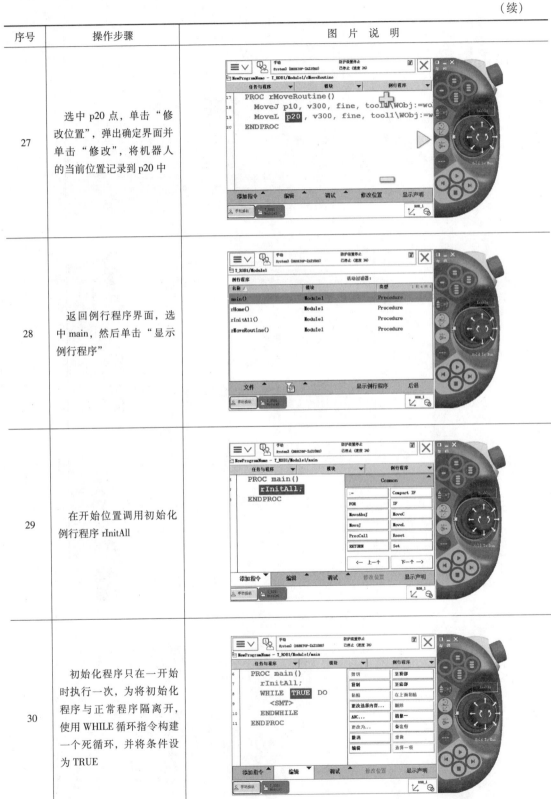

（续）

序号	操作步骤	图片说明
31	添加 IF 指令	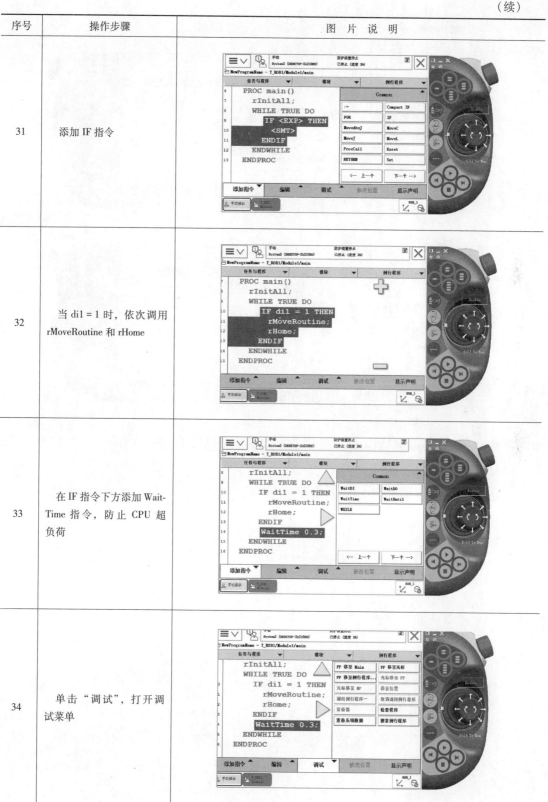
32	当 di1 = 1 时，依次调用 rMoveRoutine 和 rHome	
33	在 IF 指令下方添加 WaitTime 指令，防止 CPU 超负荷	
34	单击"调试"，打开调试菜单	

(续)

序号	操作步骤	图片说明
35	在"调试"菜单下单击"检查程序",对程序的语法进行检查	
36	弹出"未出现任何错误"的提示界面,如右图所示,单击"确定"完成	

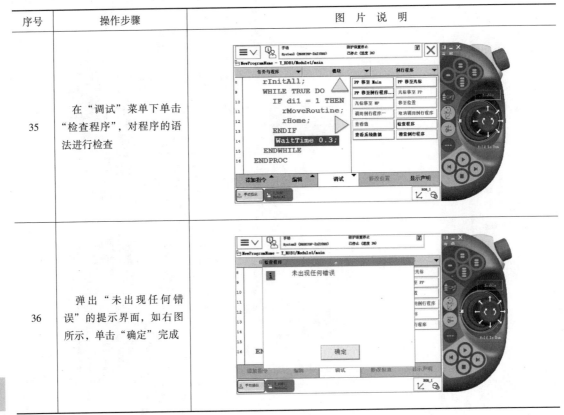

至此,一个简单的 RAPID 程序就建立完成了,可以先进行手动调试,如果没有问题,便可以自动运行。

第 5 章

机器人仿真软件介绍及实践

本章目标

1. 掌握机器人仿真软件 RobotStudio 的使用。
2. 掌握利用 RobotStudio 对串并联机器人系统进行建模的方法。
3. 掌握对串并联机器人的运动轨迹进行轨迹仿真。

本章介绍机器人仿真软件 RobotStudio 的安装、使用及其在工业中的应用。使读者对利用 RobotStudio 进行仿真有初步的认识。

5.1 认识和安装工业机器人仿真软件 RobotStudio

5.1.1 了解工业机器人仿真软件 RobotStudio

在产品制造的同时对机器人系统进行编程,可以减少产品从设计到生产期间的时间成本。在实际机器人运行之前,离线编程通过可视化及可确认的解决方案和布局来降低风险,并通过创建更加精确的路径来获得更高的生产效率和产品质量。基于 ABB 公司 VirtualRobot™ 技术的 RobotStudio 软件可以实现离线编程及运动仿真。

在 RobotStudio 中可以实现以下的主要功能:

1) CAD 导入。RobotStudio 可以通过各种主要的 CAD 格式来导入数据,包括 IGES、STEP、VRML、VDAFS、ACIS 和 CATIA。通过使用此类非常精确的 3D 模型数据,可以生成更为精确的机器人程序。

2) 自动路径生成。通过使用待加工部件的 CAD 模型,可以在几分钟之内自动生成跟踪曲线所需的机器人位置。

3) 碰撞检测。在 RobotStudio 中,可以对机器人在运动过程中是否有可能会与周边设备发生碰撞进行一个验证与确认,以确保机器人离线编程所得出的程序的可用性。

4) 模拟仿真。在 RobotStudio 中,可以根据设计进行工业机器人工作站的动作模拟仿真,从而为工程的实施提供真实的验证。

5）二次开发。提供二次开发平台，使机器人的应用实现更加广泛，满足自动化生产的需求。

5.1.2 安装工业机器人仿真软件 RobotStudio

安装 RobotStudio 的具体操作如下：

1）登录网址：https：//new.abb.com/products/robotics/zh/robotstudio，如图 5-1 所示。

图 5-1 ABB 机器人官网

2）单击进入"下载"页面，根据实际项目的需要选择相应版本的 RobotStudio，如图 5-2 所示。

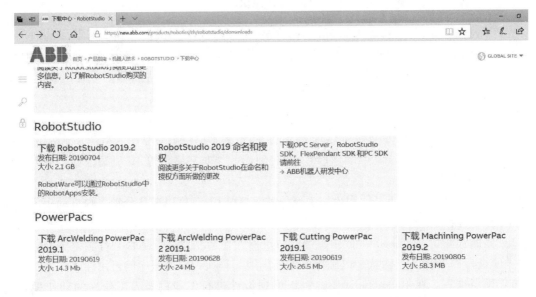

图 5-2 RobotStudio 下载界面

5.1.3 RobotStudio 界面介绍

RobotStudio 界面主要由以下几个功能选项卡组成："文件"功能选项卡、"基本"功能选项卡、"建模"功能选项卡、"仿真"功能选项卡、"控制器"功能选项卡、"RAPID"功能选项卡和"Add-Ins"功能选项卡。

"文件"功能选项卡包括创建新工作站、创建新机器人系统和 RobotStudio 等选项。新建工作站解决方案，如图 5-3 所示。

图 5-3 新建工作站解决方案

1)"基本"功能选项卡，包含用于建立工作站、创建系统、路径编程、控制器、Freehand 和摆放物体所需的控件，如图 5-4 所示。

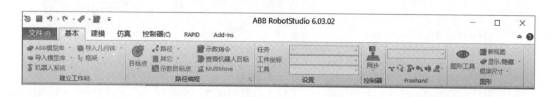

图 5-4 "基本"功能选项卡

2)"建模"功能选项卡，包含用于创建和分组工作站组件、创建实体、Freehand、测量、CAD 操作和添加机械装置所需的控件，如图 5-5 所示。

3)"仿真"功能选项卡，包含用于创建、控制、监控和记录仿真所需的控件，如图 5-6 所示。

4)"控制器"功能选项卡，包含用于虚拟控制器的同步、配置和记录仿真所需的控件，如图 5-7 所示。

图 5-5 "建模"功能选项卡

图 5-6 "仿真"功能选项卡

图 5-7 "控制器"功能选项卡

5)"RAPID"功能选项卡，包括 RAPID 编辑器功能、RAPID 文件的管理以及用于 RAPID 编程的其他控件，如图 5-8 所示。

图 5-8 "RAPID"功能选项卡

6)"Add-Ins"功能选项卡，包含与 RobotApps 和 RobotWare 相关的控件，如图 5-9 所示。

图 5-9 "Add-Ins"功能选项卡

5.2 搭建机器人基本工作站

进行离线编程之前，需要构建一个机器人的仿真模型，模型需要包含所采用的工业机器人的型号以及要完成的功能。在 RobotStudio 中，可以通过搭建工业机器人工作站来完成这一目标。

5.2.1 导入机器人

1) 在"文件"功能选项卡中单击"空工作站"，如图 5-10 所示。

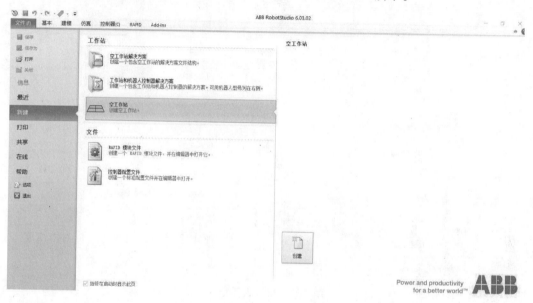

图 5-10 新建"空工作站"

2) 在"基本"功能选项卡中，打开"ABB 模型库"，选择"IRB 2600"，如图 5-11 所示。

3) 按照机器人性能指标设定承重能力和到达距离，如图 5-12 所示。

通过以上三步，可以在平台上搭建一个 IRB 2600 型机器人的模型，通过快捷键可以调整查看机器人的视角：

1) 平移：\<Ctrl\>+鼠标左键。

2) 旋转：\<Ctrl+Shift\>+鼠标左键。

3) 缩放：滚动鼠标中间滚轮。

5.2.2 加载机器人末端执行器

1) 在"基本"功能选项卡中，打开"导入模型库"→"设备"，选择"MyTool"，如图 5-13 所示。

2) 在左侧布局栏中，选中"MyTool"的同时按住鼠标左键，向上拖"IRB 2600"，在

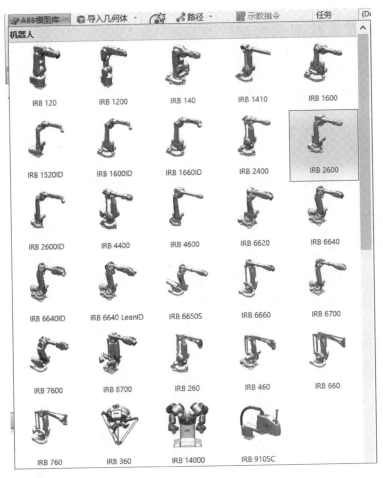

图 5-11 机器人模型库

弹出的提示窗口中单击"是",完成工具的安装,如图 5-14 所示。

3)如果想将工具从机器人法兰盘上拆下,则可在"MyTool"上单击鼠标右键,选择"拆除",如图 5-15 所示。

4)完成工具的安装后,需要进行周边模型的导入。在"基本"功能选项卡中,打开"导入模型库"→"设备",选择"propeller table"进行模型导入,如图 5-16 所示。

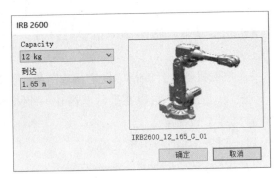

图 5-12 机器人的基本信息

5)为了确定周边模型的摆放位置,可以通过机器人工作区域进行调整,选中"IRB2600_12_165__01"单击鼠标右键,选择"显示机器人工作区域",如图 5-17 所示。

6)如图 5-18 所示,图中白色曲线所围区域为机器人可到达的范围,为了方便进行轨迹

第5章
机器人仿真软件介绍及实践

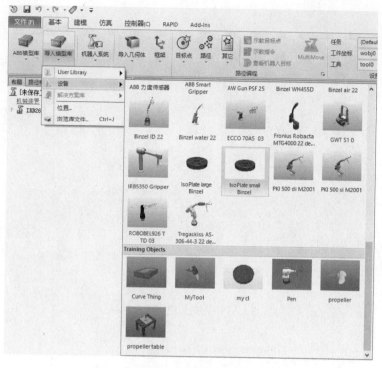

图 5-13 设备模型库

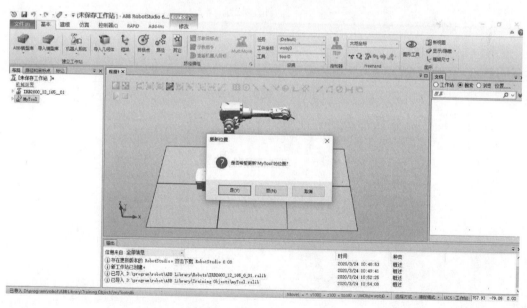

图 5-14 将夹具安装到机器人

规划，需要调整"propeller table"的位置。

7) 选中"基本"功能选项卡下的"Freehand"工具栏，选定"大地坐标"并单击"移动"按钮，通过拖动箭头到达如图 5-19 所示位置。

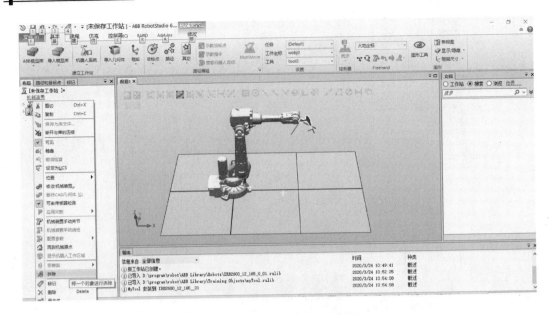

图 5-15 将夹具从机器人上拆除

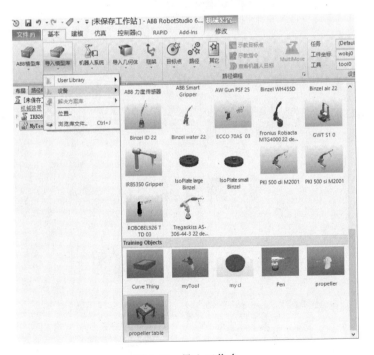

图 5-16 导入工作台

8）在"基本"功能选项卡中，打开"导入模型库"→"设备"，选择"Curve Thing"进行模型导入，如图 5-20 所示。

9）将"Curve Thing"放置到小桌子上，在对象上单击鼠标右键，选择"放置"→"两点"，如图 5-21 所示。

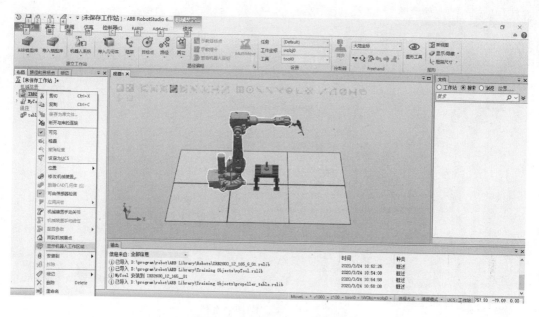

图 5-17 显示机器人工作区域

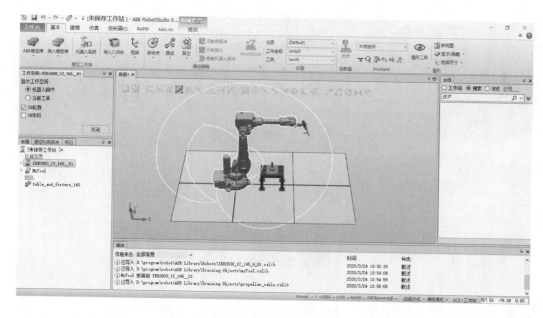

图 5-18 机器人工作区域

10）为了能准确地捕捉对象特征，需要选中捕捉工具的"选择部件"和"捕捉末端"，如图 5-22 所示。

11）单击"主点-从（mm）"的第一个坐标框，依次选择工件和小桌子的对应接触点，从而将对象对齐地放置在小桌子上，如图 5-23 所示。

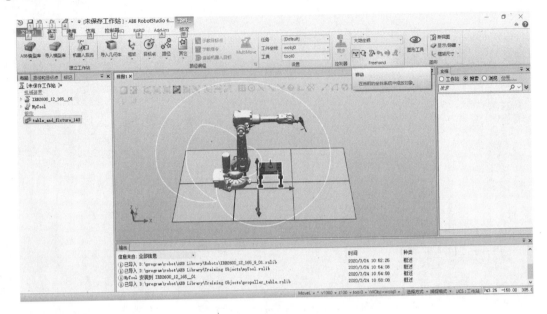

图 5-19 移动工作站部件

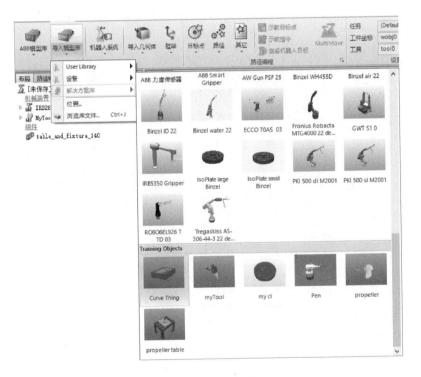

图 5-20 导入工件

通过以上步骤,完成了基本工业机器人系统的搭建,接下来将为机器人加载系统,建立虚拟的控制器,使其具有电气的特性以完成后续的仿真操作。

第 5 章
机器人仿真软件介绍及实践

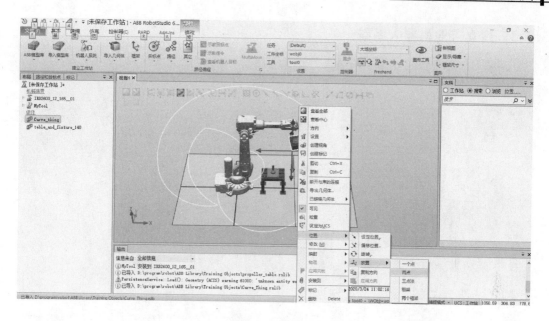

图 5-21　放置工件

图 5-22　选择捕捉工具

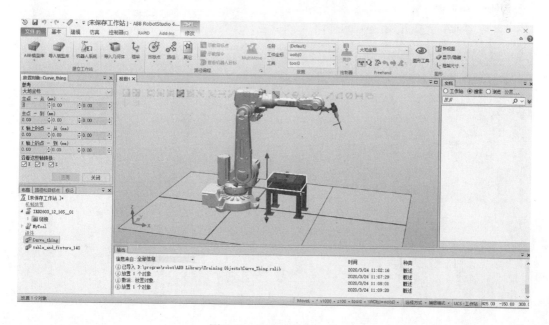

图 5-23　两点法放置工件

5.2.3 建立工业机器人系统

1) 在"基本"功能选项卡中单击"机器人系统"的"从布局",如图 5-24 所示。

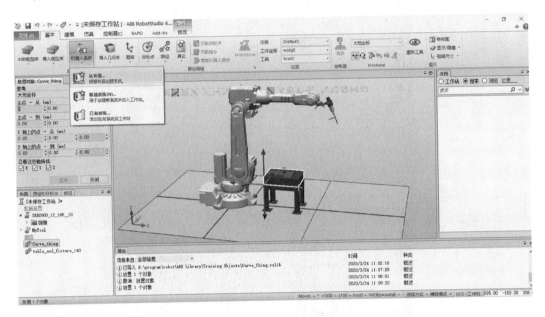

图 5-24 单击"机器人系统"的"从布局"

2) 设定系统的名字并选择所使用的机器人系统库后,单击"下一个",如图 5-25 所示。

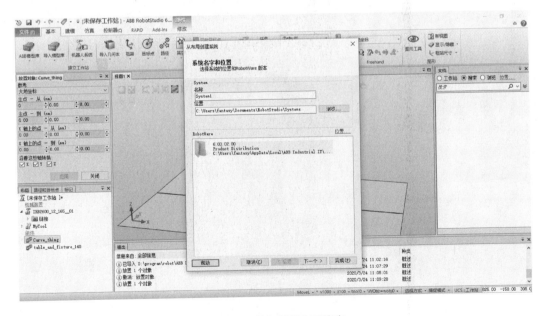

图 5-25 命名机器人系统库

3）选择系统的机械装置后单击"下一个"，该机械装置即为之前所搭建的机器人系统模型，如图 5-26 所示。

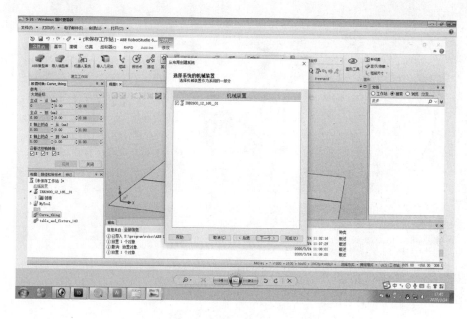

图 5-26 搭建机器人系统

4）检查各项的系统参数，无误后单击"完成"，如图 5-27 所示。

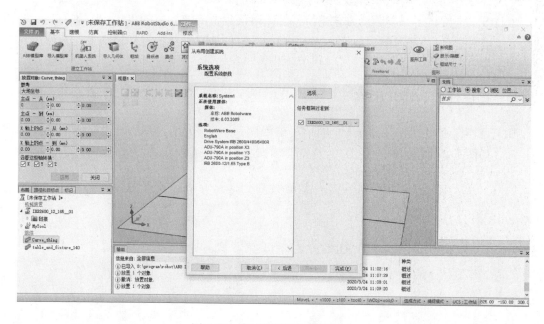

图 5-27 完成机器人系统的建立

5）当系统建立完成后，界面右下角的"控制器状态"应变为"高亮"，此时就完成了虚拟控制器的加载，如图 5-28 所示。

机器人综合实验教程

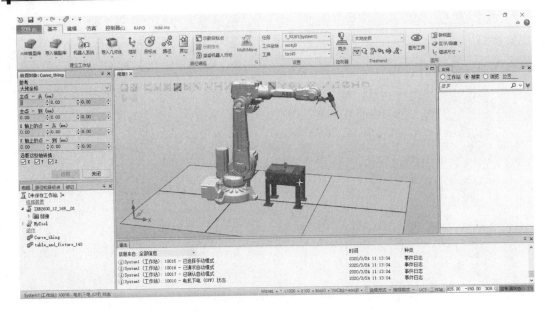

图 5-28　机器人系统状态

经过以上步骤，完成了机器人控制器的加载。

5.3　仿真软件中机器人的手动操作

RobotStudio 提供了三种手动方式来使机器人运动到所需要到达的位置：手动关节、手动线性和手动重定位。在使用这三种方式的过程中，可以通过直接拖动和精确手动两种控制方式来实现。

5.3.1　直接拖动的操作方式

在"基本"功能选项卡的"Freehand"中选择"手动关节"，然后选中对应的关节轴进行运动，如图 5-29 所示。

图 5-29　机器人手动操作模式

在"基本"功能选项卡的"设置"工具栏中将"工具"选为"MyTool"，在"Freehand"中选择"手动线性"，通过拖动末端执行器的三个轴实现运动，如图 5-30 所示。

在"基本"功能选项卡的"Freehand"中选择"手动重定位"，选中机器人后，通过拖动箭头进行重定位运动，如图 5-31 所示。

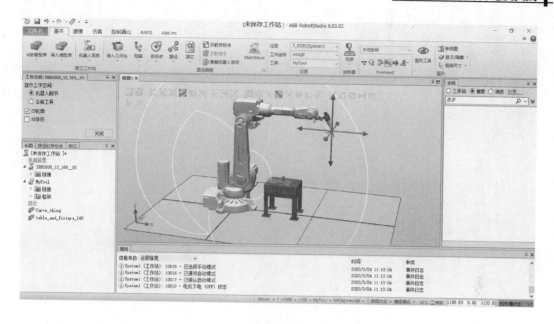

图 5-30　机器人线性操作模式

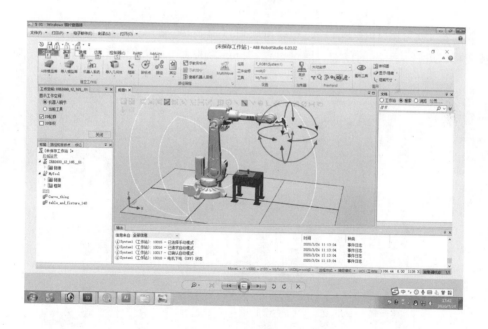

图 5-31　机器人手动重定位操作模式

5.3.2　精确手动的操作方式

选择"基本"功能选项卡中的"设置"工具栏，将"工具"选项设为"MyTool"，在"IRB2600_12_165_01"上单击鼠标右键，选中"机械装置手动关节"，如图 5-32 所示。

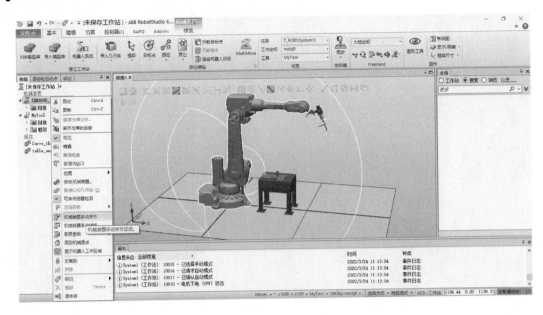

图 5-32 机器人机械装置手动关节

在界面左上方的工具栏中，通过拖动滑块可以控制相应的关节进行转动，单击滚动条右侧的按钮可以进行关节轴的点动，通过设置"Step"的大小可以控制点动的幅度，如图 5-33 所示。

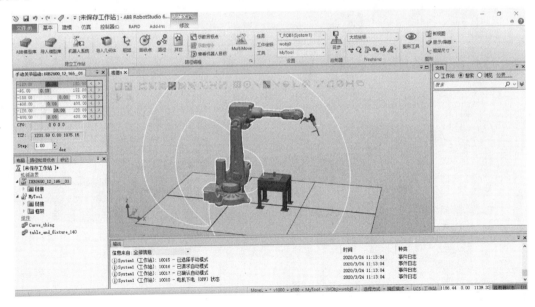

图 5-33 机器人点动控制

选择"基本"功能选项卡中的"设置"工具栏，将"工具"选项设为"MyTool"，在

"IRB2600_12_165__01"上单击鼠标右键,选中"机械装置手动线性",如图 5-34 所示。

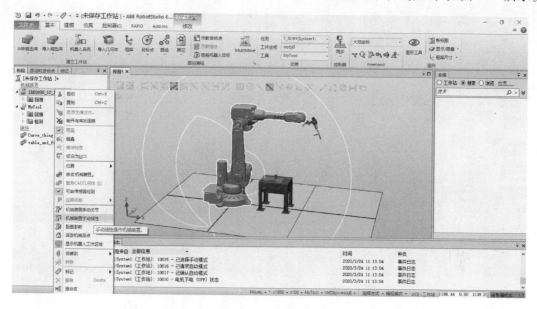

图 5-34　机器人机械装置手动线性

在界面左上方的工具栏中,输入坐标值使机器人到达相应位置,单击滚动条右侧的按钮可以进行点动,通过设置"Step"的大小可以控制点动的幅度,如图 5-35 所示。

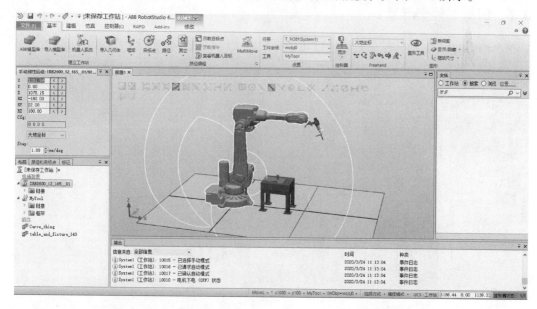

图 5-35　机器人坐标位置控制

进行手动操纵后,通过在"IRB2600_12_165__01"上单击鼠标右键,在菜单列表中选择"回到机械原点",可以回到机器人的默认初始位置,如图 5-36 所示。

机器人综合实验教程

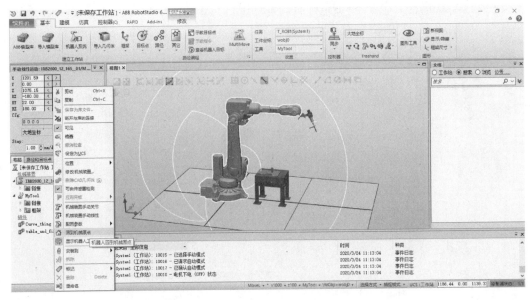

图 5-36　机器人回到机械原点

5.4　创建机器人工件坐标系与轨迹程序

5.4.1　创建工件坐标系

在 RobotStudio 中，只有在为工件建立坐标后，才可以进行轨迹规划等相关功能的仿真。

1) 在"基本"功能选项卡中的"其他"中选择"创建工件坐标"，如图 5-37 所示。

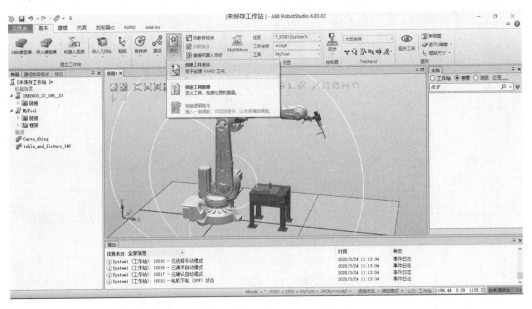

图 5-37　选择创建工件坐标系

2）捕捉模式选择为"选择表面"和"捕捉末端"，在左上角的工具栏中可以完成工件坐标名称的设置，此处设置为"Workobject_1"，如图 5-38 所示。

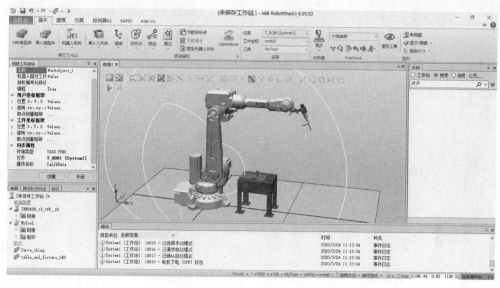

图 5-38　设置工件坐标系的名称

3）按下"取点创建框架"的下拉箭头，选中"三点"的模式，单击"X 轴上的第一个点"的第一个输入框，依次选中工件的三点建立坐标系。其中，第一个选中的点为坐标原点，第一个点到第二个点的方向为 X 轴正向，第一个点到第三个点的方向为 Y 轴正向，再根据右手坐标系定出 Z 轴正向，如图 5-39 所示。

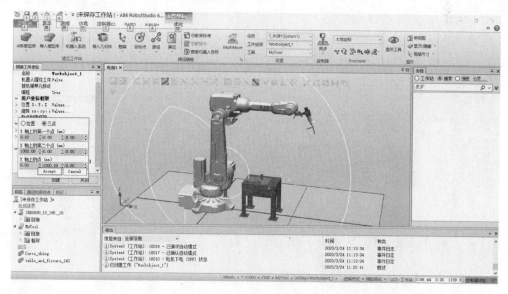

图 5-39　三点法创建工件坐标系

4）选完三个点后单击"Accept"后再单击"创建"就完成了工件坐标系的创建，坐标轴方向应与上文中所选一致，若不一致应重新建立工件坐标，如图 5-40 所示。

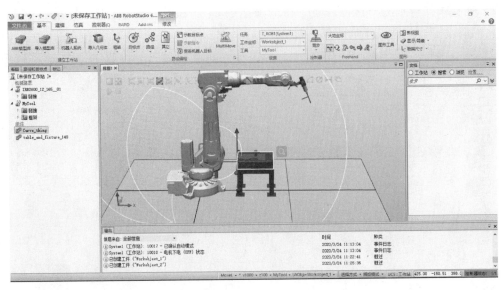

图 5-40　成功创建工件坐标系

5.4.2　创建机器人运动轨迹程序

在 RobotStudio 中，工业机器人的运动轨迹是通过 RAPID 程序指令进行控制的，RAPID 是对 ABB 机器人进行逻辑、运动以及 I/O 控制的编程语言，这点与实际应用的机器人一致，可以最大限度地保证仿真结果的可靠性。

在本节中，将使安装在法兰盘上的末端执行器在工件坐标系 Workobject_1 中沿着对象的边沿走一圈，具体步骤如下所示：

1) 在"基本"功能选项卡中，单击"路径"后选择"空路径"，如图 5-41 所示。

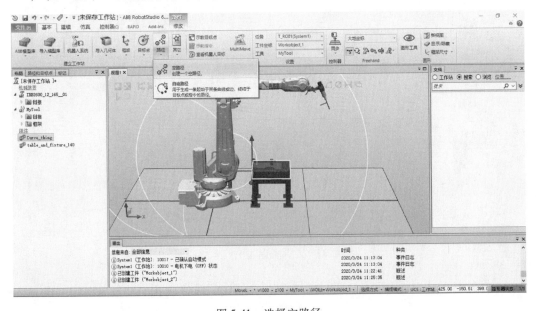

图 5-41　选择空路径

2) 在"基本"功能选项卡下的"设置"栏中,将"工件坐标"设为"Workobject_1","工具"设为"MyTool",此时在左侧的"路径和目标点"栏中将生成空路径"Path_10"。在进行具体编程之前,需要对运动指令以及参数进行设定,将界面下方的参数依次设置为"MoveJ""v150""fine""MyTool"和"\WObj=Workobject_1",如图5-42所示。

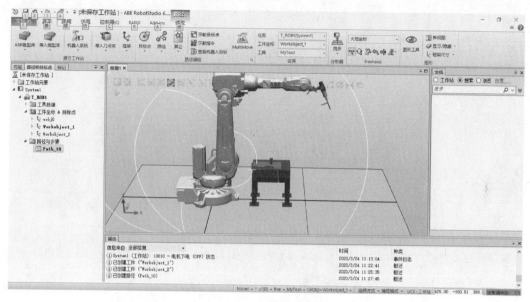

图5-42 轨迹参数设置

3) 选择手动关节,将机器人拖动到合适的位置,作为轨迹的起始点,然后单击"基本"功能选项卡下"路径编程"中的"示教指令",此时,左侧的"路径和目标点"栏中会显示新创建的运动指令,如图5-43所示。

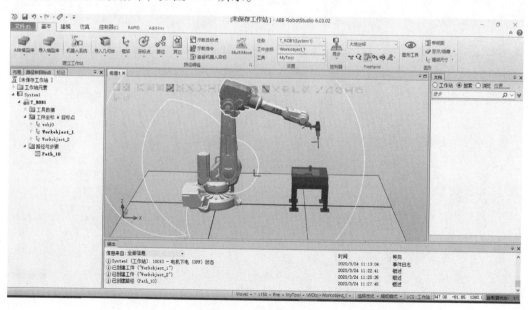

图5-43 创建示教指令

4）单击"基本"功能选项卡下的"手动线性"模式，拖动机器人的末端执行器，使末端执行器对准对象的第一个角点，然后单击"示教指令"，如图5-44所示。

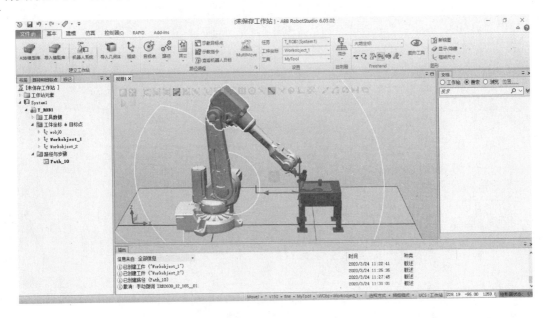

图 5-44 将机器人移动至第一个角点

5）接下来需要变更末端执行器的速度，将界面最下面的参数依次设置为"MoveL" "v150" "fine" "MyTool" 和 "\ Wobj= Workobject _ 1"，然后选择"手动线性"，拖动机器人的末端执行器，使其对准第二个角点，单击"示教指令"，如图5-45所示。

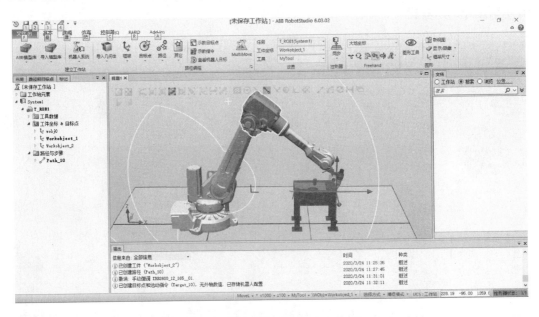

图 5-45 将机器人移动至第二个角点

6) 拖动机器人的末端执行器，使其对准第三个角点，单击"示教指令"，如图 5-46 所示。

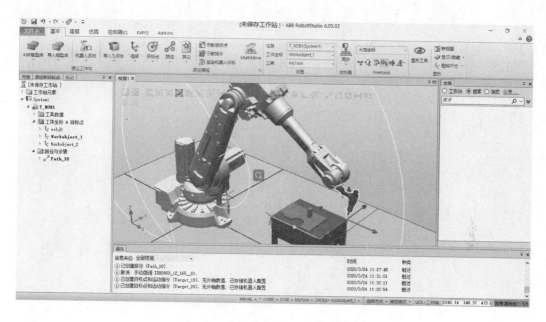

图 5-46　将机器人移动至第三个角点

7) 拖动机器人的末端执行器，使其对准第四个角点，单击"示教指令"，如图 5-47 所示。

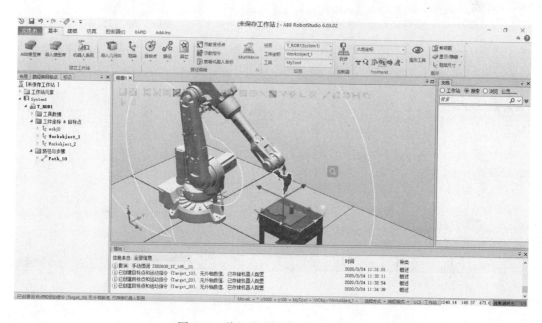

图 5-47　将机器人移动至第四个角点

8）拖动机器人的末端执行器，使其返回第一个角点，单击"示教指令"，如图 5-48 所示。

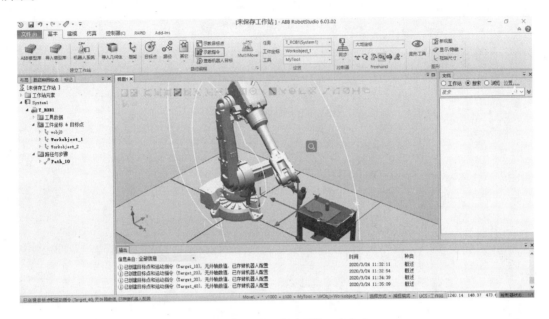

图 5-48　将机器人移回到第一个角点

9）拖动末端执行器，使其远离工件，单击"示教指令"，如图 5-49 所示。

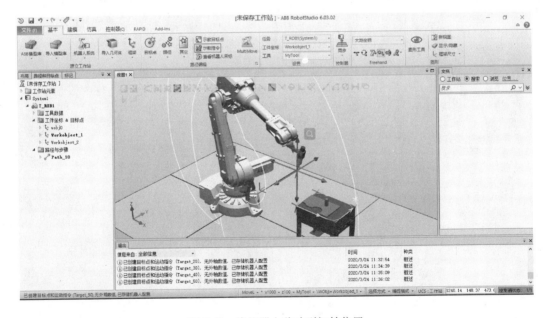

图 5-49　将机器人移动到初始位置

10）在路径"Path_10"上单击鼠标右键，选择"到达能力"，如图 5-50 所示。

11）"到达能力：Path_10"列表框中标记对钩的项说明目标点均可到达，然后单击

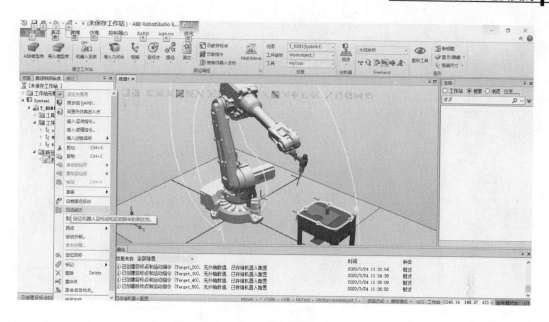

图 5-50 检测是否能到达目标点

"关闭",如图 5-51 所示。

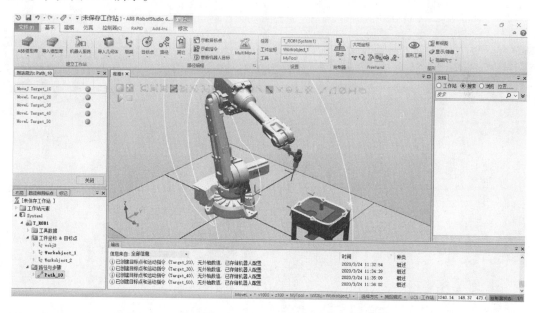

图 5-51 生成机器人路径

12) 在路径"Path_10"上单击鼠标右键,选择"配置参数"→"自动配置"进行关节轴的自动配置,如图 5-52 所示。

13) 在路径"Path_10"上单击鼠标右键,选择"沿着路径运动",检查路径能否正常运行,如图 5-53 所示。

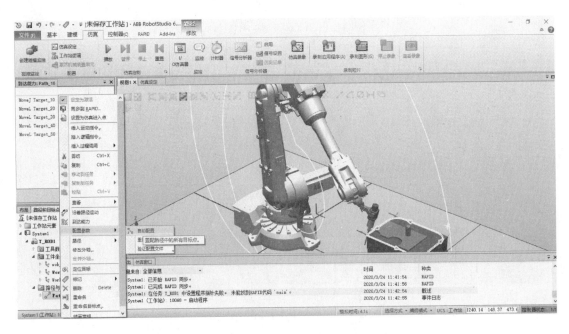

图 5-52 配置关节轴参数

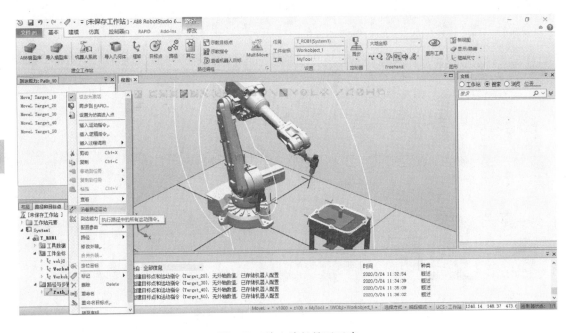

图 5-53 检查路径是否正确

5.4.3 机器人运动轨迹仿真

1) 在"基本"功能选项卡中,单击"同步到 RAPID",如图 5-54 所示。

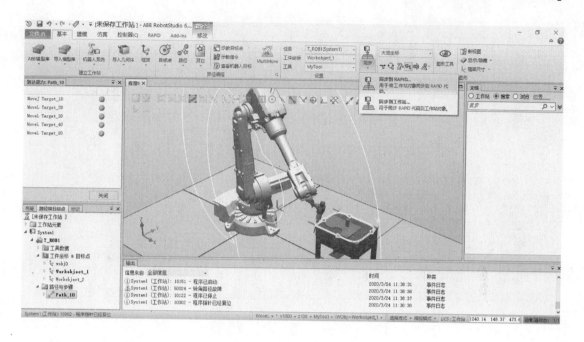

图 5-54 同步到 RAPID

2）将需要同步的项目都打钩后，单击"确定"，如图 5-55 所示。

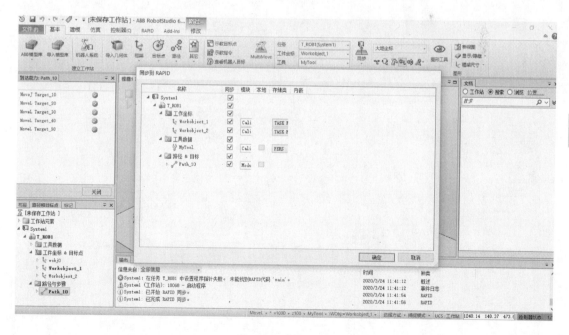

图 5-55 选择同步的项目

3）在"仿真"功能选项卡下单击"仿真设定"，如图 5-56 所示。

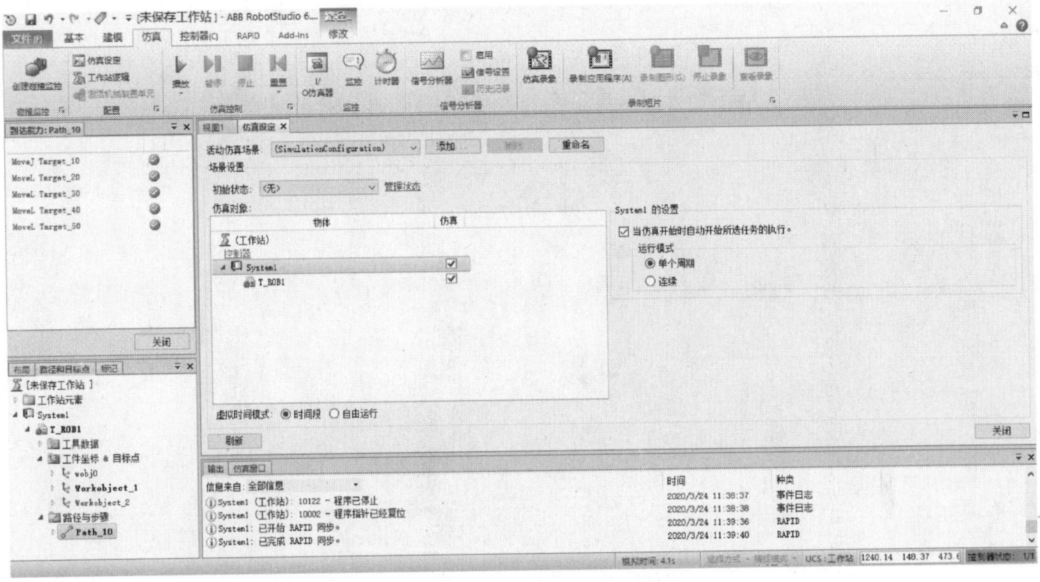

图 5-56 仿真设定

4) 在"仿真"功能选项卡中,单击"播放",如图 5-57 所示。

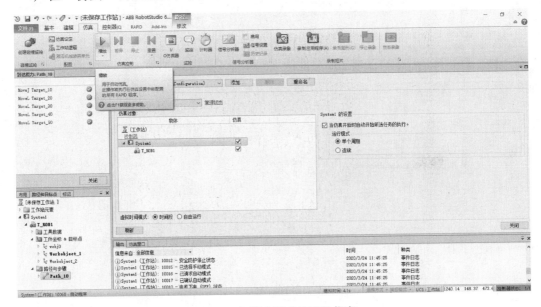

图 5-57 机器人运动轨迹的仿真

第 6 章

机器人双臂协调装配实验

> **本章目标**
>
> 1. 掌握机器人装配工作站的布局方法。
> 2. 掌握程序数据的创建。
> 3. 掌握 I/O 控制指令的使用。
> 4. 掌握程序的编写以及调试。

本书前面的章节介绍了工业机器人的基本操作，本章将应用前面所介绍的知识来解决实际工程问题，主要内容包括：结合机器人仿真软件 RobotStudio 完成工作站的整体布局；结合实际的装配流程来进行轨迹的规划与仿真；通过程序的编写、目标点的示教以及程序的调试运行来完成机器人双臂协调装配实验。使读者在实验过程中强化对所学知识点的理解与运用。

6.1 实验任务描述

本次实验内容为双臂机器人装配鼠标，利用 ABB 公司的 IRB 120 型串联机器人在工作台上将无线鼠标的各个零件组装在一起。实验平台上共有两套串联机械臂和 6 个工作平台，实验过程中需要利用机器人建模软件 RobotStudio 对整个工作站的整体布局进行建模，然后按照装配鼠标的流程对机器人的轨迹进行规划和仿真；在仿真的轨迹上选取一定数量的目标点（注意选取目标点时一定要避免机器人的死点位置），结合正确的工具坐标系和工件坐标系来进行目标点的示教、程序的编写以及调试，最终完成整个鼠标装配的过程。

6.2 实验目标

1) 熟悉机器人装配工作站的整体布局。
2) 掌握机器人轨迹规划以及轨迹仿真。
3) 掌握程序数据的创建。
4) 学会目标点示教。

5) 学会程序的编写和调试。

6.3 实验任务实施

6.3.1 工作站的建立

在实验任务实施的过程中，第一步就是建立好工作站，如图 6-1 所示。在本次实验过程中，工作站已有实物。但是从实验的安全性出发，避免在实验过程中对机械臂造成损坏，可以利用建模仿真软件 RobotStudio 对工作站进行 1∶1 的建模，然后在模型上进行轨迹规划，这样对于初学者来说，更加安全，也更加便捷。

双臂协调机器人工作站包括两个 6 自由度关节式机械臂和 6 个工作台，如图 6-2 所示是工作站的简易示意图，对于左边的机械臂，可到达的工作台共有 4 个，分别是 USB㊀

图 6-1 双臂协调机器人工作站

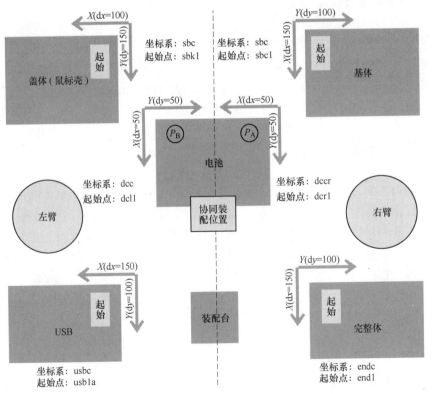

图 6-2 工作站简易示意图

㊀ 文中 USB 代表使用 USB 接口的插接件。

插件工作台（放置着无线鼠标的无线接收器）、装配台工作台（用来在鼠标底座上装配鼠标外壳）、电池工作台（用来放置电池）、鼠标壳工作台（用来放置鼠标外壳）。在建立程序数据时，可以将这 4 个工作台分别命名为 wobj1、wobj2、wobj3、wobj4。对于右边的机械臂，可到达的工作站也有 4 个，分别是完整体工作台（用来放置装配完成的鼠标）、装配台工作台（用来在鼠标底座上装配鼠标外壳）、电池工作台（用来放置电池）、基体工作台（用来放置鼠标底座）。在建立程序数据时，可以将这 4 个工作台分别命名为 wobj1、wobj2、wobj3、wobj4。因为左、右臂机器人的控制用了两台相互独立的控制器，所以命名一致并不会影响建模和编程。

对机器工作站整体布局有了基本的概念之后，便可以对机器人工作站进行建模了。机械臂模型在模型库中可以直接导出，如图 6-3 所示，选择"IRB 120"型机器人。使用任何一款三维建模软件都可以建立 6 个工作台，如图 6-4 所示。在建模的过程中，需要注意各工作台的大小、位置以及相对位置。在测量时，应该尽量保证尺寸的准确性，这样可以减轻后期编程时的工作量，但是有时并不能保证测量的完全精确，尤其是在机器人抓取零件时，所要求的位置精度较高，所以在后期程序编写过程中，需要不断地对目标点示教来保证鼠标装配的精度。用三维软件建立工作台后，应将文件保存为".igs"或者".step"类型的标准件，然后导入到机器人建模软件 RobotStudio 中，在导入之后零件可能会丢失部分特征，但是并

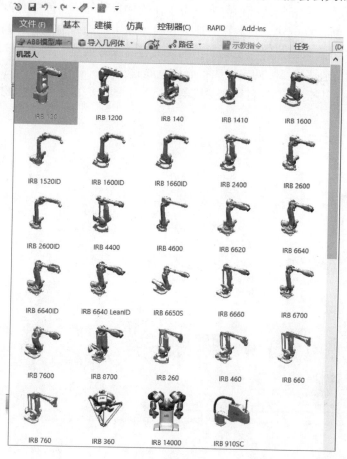

图 6-3　机械臂模型库

不会影响后面的工作。

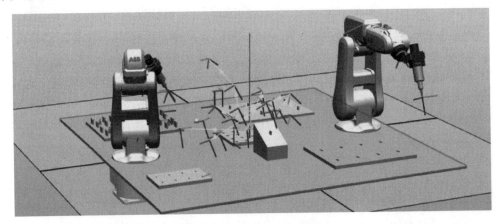

图 6-4　机器人工作站模型

6.3.2　程序数据的建立

建立好机器人工作站模型后，第二步是建立程序数据。程序数据的建立包括创建工具数据、创建工件坐标系数据和创建载荷数据。由于在软件自带的模型库中并没有实际的机器人末端执行器模型，所以在创建工具数据时还要在模型库中任选一个工具。编写代码时，需要通过目标点示教的方式来纠正因为工具的不同而引起的位置偏差。如图 6-5 所示，选择使用"MyTool"这个工具来替代实际的末端执行器进行轨迹仿真，在工具导入后，左侧的菜单栏会显示工具的名称，只需将工具名称拖到机器人名称上即可完成工具数据的建立。详细操作参考第 5 章。

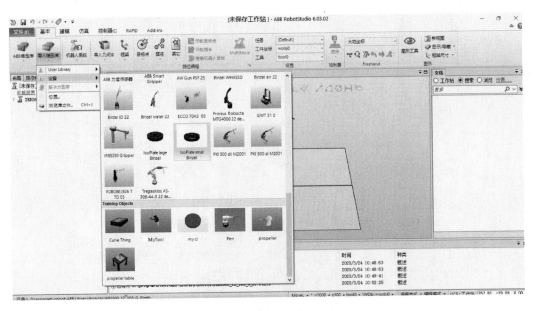

图 6-5　设备模型库

在本工作站中，工件坐标系的建立采用的是三点法，如何用三点法建立工件坐标系本章不做详细说明，具体操作请参考第 2 章和第 5 章内容。下面描述一种实验过程中工件坐标系的建立方法和命名方式。

对于左边的机械臂，可达到 4 个工作台，对于 USB 插件工作台，工件坐标系名称为"usbc"，起始点名称为"usb1a"，坐标轴的方向如图 6-6 所示；对于鼠标壳工作台，工件坐标系名称为"sbc"，起始点名称为"sbk1"，坐标轴的方向如图 6-7 所示；对于电池工作台，工件坐标系名称为"dcc"，起始点名称为"dcl1"，坐标轴的方向如图 6-8 所示；对于装配台工作台，可以把它当作世界坐标系（基准），命名为 wobj0。

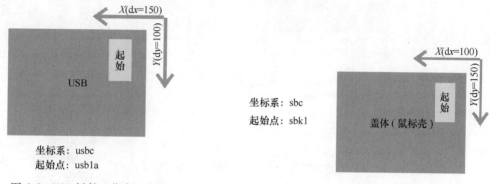

图 6-6　USB 插件工作台坐标系　　　　图 6-7　鼠标壳工作台坐标系

对于右边的机械臂，也可达到 4 个工作台，对于完整体工作台，工件坐标系名称为"endc"，起始点名称为"end1"，坐标轴的方向如图 6-9 所示；对于鼠标底座工作台，工件坐标系名称为"sbc"，起始点名称为"sbc1"，坐标轴的方向如图 6-10 所示；对于电池工作台，工件坐标系名称为"dccr"，起始点名称为"dcr1"，坐标轴的方向如图 6-11 所示；对于装配台，可以把它当作世界坐标系（基准），命名为 wobj0。

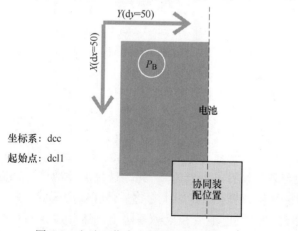

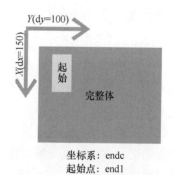

图 6-8　电池工作台坐标系（左臂）　　　图 6-9　完整体工作台坐标系

对于搬运机器人，需要设定有效载荷 loaddata，因为对于搬运机器人而言，手臂承受的重量是不断变化的，所以不仅要正确设定夹具和重心数据 tooldata，还要设置搬运对象的质量和重心数据 loaddata。有效载荷数据记录了搬运对象的质量和重心的数据。如果机器人不用于搬运，则 loaddata 设置就是默认的 load0。设置界面如图 6-12 所示。

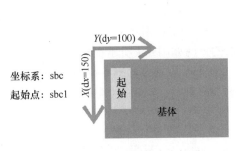
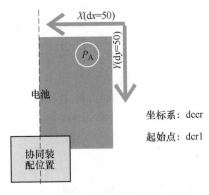

图 6-10 鼠标底座工作台坐标系　　　　　图 6-11 电池工作台坐标系（右臂）

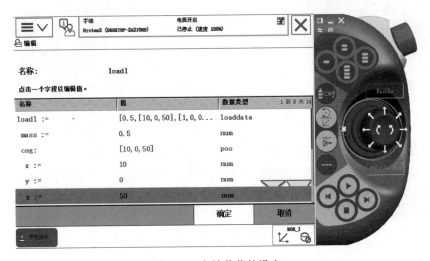

图 6-12 有效载荷的设定

6.3.3 轨迹规划与仿真

建立好所需的程序数据后，接下来的工作就是要进行轨迹的规划与仿真。在进行轨迹的规划之前，要理清装配鼠标的流程，这样规划出来的轨迹才具有合理性。在正式装配之前，要先活动一下机械臂的各个关节，确保每个关节能正常工作。装配开始时，各个关节处于初始位置，两套机械臂通过 I/O 口进行通信，相互得知对方已就位，左机械臂开始运动，夹取电池，夹取完成后，停在安全位置（避免与右机械臂发生碰撞），此时通过 I/O 通信告知右机械臂开始运动，右机械臂开始动作将鼠标底座放置在装配台上，然后停在安全区域，并告知左机械臂可以开始运动；左机械臂开始运动，将电池放在鼠标基座上，然后避让右机械臂；右机械臂开始动作，夹取另一个电池放在鼠标基座上。此时装配流程的上半部分已完成，流程图如图 6-13 所示。

安装好电池后，右机械臂位于安全区域，左机械臂开始夹取鼠标外壳放置在安装好电池的基座上，然后安装好鼠标外壳；紧接着，右机械臂夹起鼠标，左机械臂夹取 USB 插件，

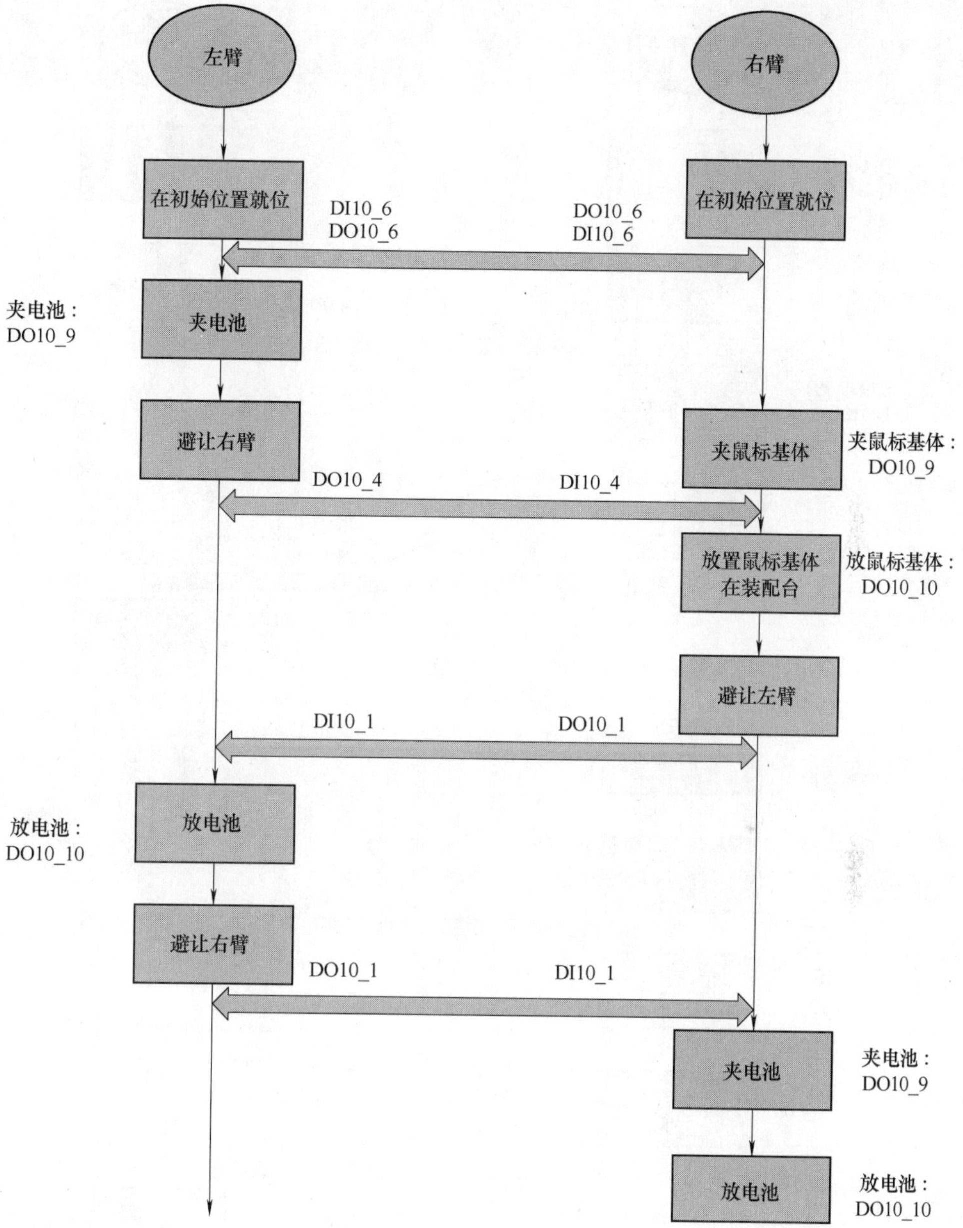

图 6-13 装配流程的上半部分

双臂在工作空间中的一个合适位置安装 USB 插件，安装完成后，将鼠标放置在完整体工作台上。至此，装配流程的下半部分完成，流程图如图 6-14 所示。

熟悉了装配流程后，下一步的工作就是进行轨迹仿真，如何选取目标点进行轨迹仿真的详细步骤在第 5 章已经有详细的说明，本章不再重复。需要强调的是，即使在机械臂的工作空间之内，也存在数量不少的死点位置，所以在进行轨迹仿真时，一定要合理选取目标点，避免达到死点位置，这样可以减轻后续程序编写的工作量。

在编写装配流程程序的过程中，首先，要合理选取各目标点的位置，目标点的选定要避

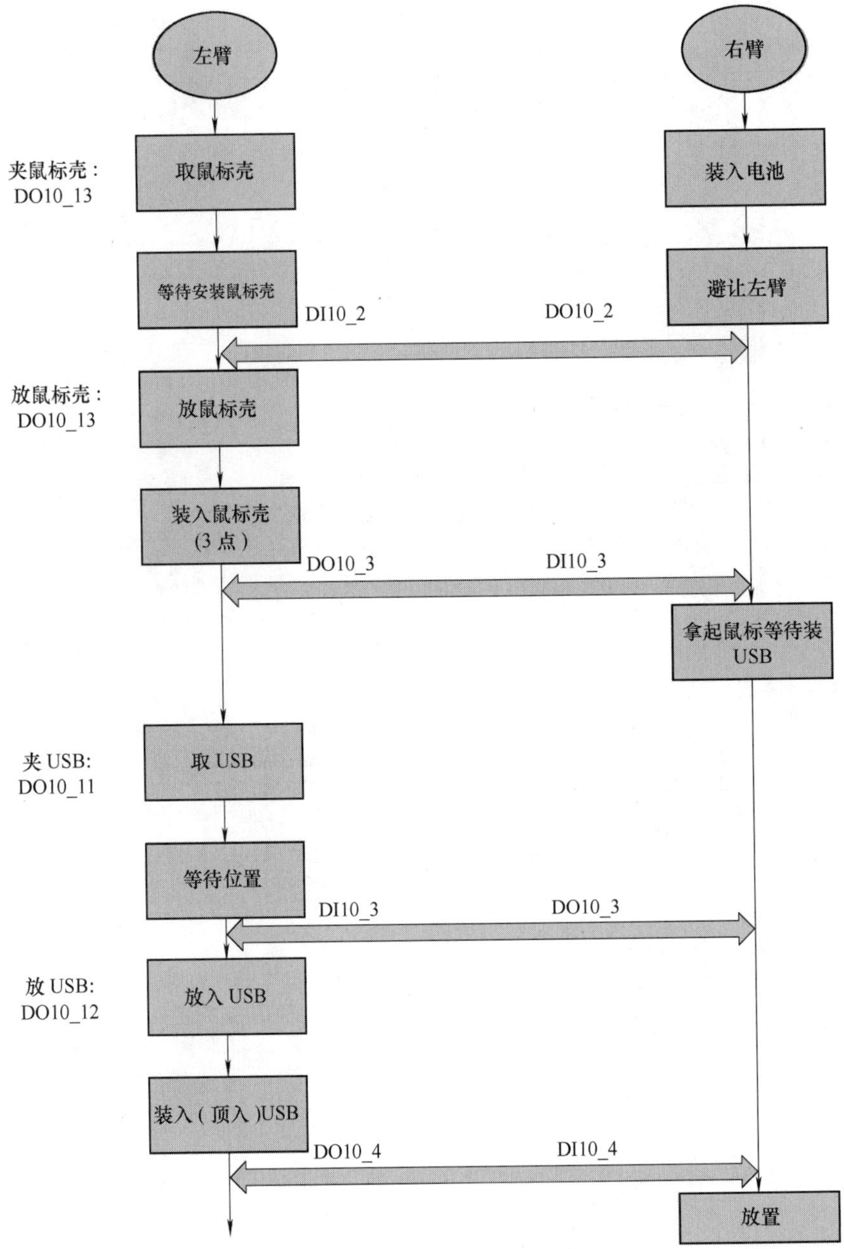

图 6-14 装配流程的下半部分

免使双臂发生空间上的干涉。其次，要协调双机械臂之间的动作，每进行一个动作之前，一定要通过 I/O 通信告知对方目前本机的工作状态，避免双臂在高速运动过程中发生碰撞。

6.3.4 程序注解

本小节内容为装配鼠标的具体程序，在关键位置添加了注解以方便读者的理解。
（1）左机械臂的代码如下：

```
MODULE MainModule
    ! 机器人初始点
CONST jointtarget home:=[[-30.6213,-8.57755,14.7131,-2.26948,82.3039,51.1608],[9E+09,9E+09,9E+09,9E+09,9E+09,9E+09]];
    ! 路径目标点,为了避免碰撞和死点位置
CONST robtarget p10:=[[84.20,182.94,533.64],[0.0145625,-0.99569,-0.0898648,-0.0177173],[0,-1,2,0],[9E+09,9E+09,9E+09,9E+09,9E+09,9E+09]];
CONST robtarget p20:=[[68.21,192.70,464.96],[0.00302032,0.995754,0.0919901,-0.00186992],[0,0,2,0],[9E+09,9E+09,9E+09,9E+09,9E+09,9E+09]];
CONST robtarget p30:=[[157.44,189.00,515.38],[0.522795,0.540953,0.657754,-0.03761],[0,-1,1,0],[9E+09,9E+09,9E+09,9E+09,9E+09,9E+09]];
CONST robtarget p40:=[[-48.93,231.19,525.49],[0.699155,-0.448436,-0.556458,0.021025],[0,-1,3,1],[9E+09,9E+09,9E+09,9E+09,9E+09,9E+09]];
CONST robtarget p50:=[[-89.32,210.32,496.25],[0.664577,-0.482256,-0.568761,0.0477195],[1,-1,3,1],[9E+09,9E+09,9E+09,9E+09,9E+09,9E+09]];
CONST robtarget p60:=[[147.58,185.22,553.40],[0.4167,-0.831696,-0.135415,-0.341037],[0,0,2,0],[9E+09,9E+09,9E+09,9E+09,9E+09,9E+09]];
CONST robtarget p70:=[[307.04,-121.00,539.37],[0.23279,-0.578918,0.773606,-0.110443],[-1,0,2,0],[9E+09,9E+09,9E+09,9E+09,9E+09,9E+09]];
CONST robtarget p80:=[[252.72,-188.81,575.43],[0.380238,-0.69206,0.612964,0.0271008],[-1,0,2,0],[9E+09,9E+09,9E+09,9E+09,9E+09,9E+09]];
CONST robtarget p90:=[[317.34,123.72,686.31],[0.345121,-0.897925,0.225832,0.153696],[0,0,2,0],[9E+09,9E+09,9E+09,9E+09,9E+09,9E+09]];
CONST robtarget p100:=[[192.74,-126.87,691.12],[0.35743,-0.737455,0.549141,-0.163852],[-1,0,2,0],[9E+09,9E+09,9E+09,9E+09,9E+09,9E+09]];
CONST robtarget f10:=[[-123.24,57.61,107.95],[0.588844,0.284192,0.736392,0.173853],[0,-1,1,0],[9E+09,9E+09,9E+09,9E+09,9E+09,9E+09]];
CONST robtarget f20:=[[-17.96,9.92,122.31],[0.267713,-0.663554,0.255649,-0.65013],[0,-1,3,0],[9E+09,9E+09,9E+09,9E+09,9E+09,9E+09]];
CONST robtarget f30:=[[-37.01,372.23,695.45],[0.34655,-0.874691,0.29466,0.167315],[1,0,3,0],[9E+09,9E+09,9E+09,9E+09,9E+09,9E+09]];
CONST robtarget f40:=[[-37.01,370.24,696.84],[0.346548,-0.874691,0.294663,0.167313],[1,0,3,0],[9E+09,9E+09,9E+09,9E+09,9E+09,9E+09]];
    ! 需要示教的目标点数据,也是各工件坐标系的初始点
CONST robtarget sbg1:=[[63.42,241.10,82.02],[0.611246,-0.281212,-0.694395,0.255175],[1,-1,2,1],[9E+09,9E+09,9E+09,9E+09,9E+09,9E+09]];
CONST robtarget dc1:=[[-24.89,0.16,189.53],[0.006971,0.915502,0.402217,0.0053957],[0,0,2,0],[9E+09,9E+09,9E+09,9E+09,9E+09,9E+09]];
CONST robtarget usb1:=[[0.73,161.66,153.28],[0.355681,-0.856638,0.346206,0.140723],[-1,0,2,0],[9E+09,9E+09,9E+09,9E+09,9E+09,9E+09]];
CONST robtarget ksbg1:=[[356.70,250.68,427.25],[0.511153,-0.0400546,0.728028,-0.455075],[0,0,2,1],[9E+09,9E+09,9E+09,9E+09,9E+09,9E+09]];
CONST robtarget ksbg2:=[[448.23,155.62,402.02],[0.377345,-0.0330355,0.857976,-0.346981],[0,1,2,
```

1],[9E+09,9E+09,9E+09,9E+09,9E+09,9E+09]];
CONST robtarget ksbg3:=[[470.27,186.1,402.8],[0.377345,-0.033038,0.857975,-0.346985],[0,1,2,1],[9E+09,9E+09,9E+09,9E+09,9E+09,9E+09]];
! 定义基准坐标系
TASKPERS wobjdata wobj1:=[FALSE,TRUE,"",[[362.371,185.84,307.804],[0.923048,0.0643161,0.201974,-0.321018]],[[0,0,0],[1,0,0,0]]];
TASKPERS wobjdata wobj2:=[FALSE,TRUE,"",[[-329.981,362.595,236.824],[0.948959,0.00411191,0.00420182,-0.315344]],[[0,0,0],[1,0,0,0]]];
TASKPERS wobjdata wobj3:=[FALSE,TRUE,"",[[104.69,313.115,205.87],[0.948625,0.00292631,0.00650991,-0.316323]],[[0,0,0],[1,0,0,0]]];
TASKPERS wobjdata wobj4:=[FALSE,TRUE,"",[[222.327,-286.821,202.297],[0.94904,0.000526028,0.00292828,-0.31514]],[[0,0,0],[1,0,0,0]]];
! 定义 USB 工作台坐标系
TASKPERS wobjdata USB:=[FALSE,TRUE,"",[[200.186,-448.977,191.4],[0.707106781,0,0,0.707106781]],[[0,0,0],[1,0,0,0]]];
! 定义工具坐标系
PERS tooldata MyTool:=[TRUE,[[0,0,0],[1,0,0,0]],[0.001,[0,0,0.001],[1,0,0,0],0,0,0]];
! 定义电池工作台坐标系
TASKPERS wobjdata dcc:=[FALSE,TRUE,"",[[87.4656,327.232,381.286],[0.00345617,-0.893449,-0.449087,-0.0076451]],[[0,0,0],[1,0,0,0]]];
! 定义鼠标壳工作台坐标系
CONST robtarget sbk1:=[[2.55,9.38,-11.04],[0.276825,0.276933,-0.650763,0.650526],[1,-1,2,1],[9E+09,9E+09,9E+09,9E+09,9E+09,9E+09]];
CONST robtarget dcl1:=[[-0.03,0.01,0.02],[0.930939,-0.00465919,-0.0109722,0.364981],[0,0,2,0],[9E+09,9E+09,9E+09,9E+09,9E+09,9E+09]];
CONST robtarget usb1a:=[[-0.04,-0.01,-0.01],[0.151948,-0.850513,-0.361157,0.350864],[-1,0,2,0],[9E+09,9E+09,9E+09,9E+09,9E+09,9E+09]];
CONST robtarget p110:=[[448.33,211.40,574.35],[0.722878,-0.360591,0.575884,-0.125616],[0,0,3,1],[9E+09,9E+09,9E+09,9E+09,9E+09,9E+09]];
CONST robtarget Target_40:=[[497.074917789,-454.881116425,257.077947343],[0.190808996,0,0.981627183,0],[0,0,-1,0],[9E9,9E9,9E9,9E9,9E9,9E9]];
CONST robtarget Target_60:=[[-182.500021294,25.500011292,196.146763712],[0.001981101,-0.706634264,0.707438044,-0.013982373],[1,-1,0,0],[9E9,9E9,9E9,9E9,9E9,9E9]];
CONST robtarget Target_50:=[[324.90,185.38,715.44],[0.381754,-0.573297,0.723367,-0.048318],[0,0,3,0],[9E+09,9E+09,9E+09,9E+09,9E+09,9E+09]];
CONST robtarget Target_70:=[[483.173907271,42.441761284,340.510770294],[0.434214997,-0.634803379,0.519352503,-0.3724983],[0,0,-2,0],[9E9,9E9,9E9,9E9,9E9,9E9]];
CONST robtarget Target_80:=[[483.173974757,42.441742428,252.261927264],[0.434214987,-0.634803349,0.519352603,-0.372498225],[0,0,-2,0],[9E9,9E9,9E9,9E9,9E9,9E9]];
CONST robtarget Target_90:=[[235.68,-616.22,301.48],[0.00627975,-0.681708,0.731385,-0.0176282],[-1,0,2,0],[9E+09,9E+09,9E+09,9E+09,9E+09,9E+09]];
CONST robtarget Target_100:=[[112.25,-33.39,336.14],[0.258327,-0.519724,-0.81431,-0.00735198],[0,0,1,0],[9E+09,9E+09,9E+09,9E+09,9E+09,9E+09]];

CONST robtarget Target_110:=[[81.56,-26.52,370.24],[0.546637,-0.434091,-0.712717,0.0692002],[0,0,1,0],[9E+09,9E+09,9E+09,9E+09,9E+09,9E+09]];
CONST robtarget Target_150:=[[-155.84,-17.12,322.96],[0.483215,-0.271106,-0.786473,0.272884],[1,0,1,0],[9E+09,9E+09,9E+09,9E+09,9E+09,9E+09]];
CONST robtarget Target_120:=[[-155.84,-17.12,322.96],[0.483215,-0.271106,-0.786473,0.272884],[1,0,1,0],[9E+09,9E+09,9E+09,9E+09,9E+09,9E+09]];
CONST robtarget Target_140:=[[-387.220542133,-164.786821046,170.333888909],[0.22031498,-0.875206144,0.37354779,0.2143305],[1,0,-2,1],[9E9,9E9,9E9,9E9,9E9,9E9]];
CONST robtarget Target_130:=[[-387.22049524,-164.786760642,28.870054692],[0.220314984,-0.875206117,0.373547751,0.214330674],[1,0,-1,1],[9E9,9E9,9E9,9E9,9E9,9E9]];
CONST robtarget Target_230:=[[-81.98,-104.23,329.71],[0.381086,-0.885075,-0.212146,-0.16251],[1,-1,2,0],[9E+09,9E+09,9E+09,9E+09,9E+09,9E+09]];
CONST robtarget Target_240:=[[222.25,-336.14,465.71],[0.115091,-0.84804,0.472633,-0.210238],[0,-1,2,0],[9E+09,9E+09,9E+09,9E+09,9E+09,9E+09]];
CONST robtarget Target_250:=[[212.41,-297.70,542.80],[0.332358,-0.62239,-0.182342,-0.684777],[0,-2,3,1],[9E+09,9E+09,9E+09,9E+09,9E+09,9E+09]];
CONST robtarget Target_260:=[[227.22,-326.24,515.12],[0.225615,0.623792,0.472999,0.579874],[0,-1,1,0],[9E+09,9E+09,9E+09,9E+09,9E+09,9E+09]];
CONST robtarget Target_160:=[[170.204870656,-143.446496421,107.757307217],[0.20042161,-0.522943443,0.827129586,0.047095451],[0,0,-1,0],[9E9,9E9,9E9,9E9,9E9,9E9]];
CONST robtarget Target_170:=[[234.888276159,-216.906692887,108.517106401],[0.200394048,-0.377185855,0.901823434,0.065479397],[0,0,-1,0],[9E9,9E9,9E9,9E9,9E9,9E9]];
CONST robtarget Target_190:=[[368.499397326,-302.837296618,238.075261594],[0.166523073,-0.225618567,0.957504828,0.067459868],[0,0,-1,0],[9E9,9E9,9E9,9E9,9E9,9E9]];
CONST robtarget Target_180:=[[368.49939197,-302.837302992,0.600004439],[0.166523066,-0.225618601,0.957504822,0.067459847],[0,1,-2,0],[9E9,9E9,9E9,9E9,9E9,9E9]];
CONST robtarget Target_200:=[[91.147472717,94.759352149,252.856474392],[0.04472481,-0.696509254,0.706798048,0.115373609],[0,0,-1,0],[9E9,9E9,9E9,9E9,9E9,9E9]];
CONST robtarget Target_210:=[[91.147576726,94.7593795,208.163931647],[0.044724916,-0.696509254,0.706798072,0.115373417],[0,0,-1,0],[9E9,9E9,9E9,9E9,9E9,9E9]];
CONST robtarget Target_220:=[[380.581442105,-108.441279082,179.159133314],[0.039316186,-0.384014812,0.92231163,0.01811407],[0,0,-1,0],[9E9,9E9,9E9,9E9,9E9,9E9]];
TASKPERS wobjdata Workobject_1:=[FALSE,TRUE,"",[[50.25574731,454.881116425,194.569358967],[1,0,0,0]],[[0,0,0],[1,0,0,0]]];

! 数字型变量,记录循环执行的次数
PERS num n1:=0;
PERS num n2:=0;
PERS num n3:=0;
! Path_10()函数,实现装配鼠标的轨迹
PROC Path_10()
! 重复装配鼠标,一共装配8个
WHILE n1<9 DO

! 进行固定距离的偏移,为编程带来快捷性
WHILE n3<2 DO
WHILE n2<4 DO
! 左右双臂进行 I/O 通信,确保双臂都已知道对方到达初始位置
Set DO10_6;
WaitDI DI10_6,1;
Reset DO10_6;
! 机器人移动到电池初始点上方
MoveL offs(dcl1,n2*50,n3*50,-100),v40,fine,Mytool\Wobj:=dcc;
! 机器人向下移动
MoveL offs(dcl1,n2*50,n3*50,0),v40,fine,MyTool\WObj:=dcc;
WaitTime 3;
! 夹电池
Set DO10_9;
WaitTime 1;
Reset DO10_9;
! 夹电池后向上移动机器人
MoveL offs(dcl1,n2*50,n3*50,-100),v10,fine,MyTool\WObj:=dcc;
! 停在安全位置,等待右臂动作
MoveL Target_90,v40,fine,MyTool\WObj:=Workobject_1;
Set DO10_4;
WaitDI DI10_1,1;
Reset DO10_4;

! 右臂将鼠标底座放好后,左臂准备放置电池
MoveL offs(f10,0,0,100),v40,fine,MyTool\WObj:=wobj1;
MoveL f10,v40,fine,MyTool\WObj:=wobj1;
WaitTime 3;
! 放电池
Set DO10_10;
WaitTime 1;
Reset DO10_10;
! 放好电池后,准备夹取 USB
MoveL offs(f10,0,0,100),v40,fine,MyTool\WObj:=wobj1;
MoveL offs(usb1a,0,0,200),v40,fine,MyTool\WObj:=usbc;
! 等待右臂放好电池
Set DO10_1;
WaitDI DI10_2,1;
Reset DO10_1;
! 中间轨迹点,避免机器人经过死点位置
MoveL Target_100,v40,z10,MyTool\WObj:=Workobject_1;
MoveL Target_110,v40,z10,MyTool\WObj:=Workobject_1;
MoveL Target_150,v40,z10,MyTool\WObj:=Workobject_1;

MoveJ Target_120,v40,z10,MyTool\WObj:=Workobject_1;
！准备夹取鼠标壳
MoveJ offs(sbk1,n2*100,n3*150,100),v40,z10,MyTool\WObj:=sbgc;
MoveL offs(sbk1,n2*100,n3*150,0),v40,fine,MyTool\WObj:=sbgc;
WaitTime 3;
！打开气嘴，吸起鼠标壳
Set DO10_13;
WaitTime 1;
Reset DO10_13;
！将鼠标壳移动到安装位置
MoveL offs(sbk1,n2*100,n3*150,100),v40,fine,MyTool\WObj:=sbgc;
MoveJ Target_230,v40,fine,MyTool\WObj:=Workobject_1;
MoveJ Target_240,v40,fine,MyTool\WObj:=Workobject_1;
MoveL offs(f20,0,0,100),v40,z10,MyTool\WObj:=wobj1;
MoveL f20,v40,fine,MyTool\WObj:=wobj1;
WaitTime 3;
！放置并安装好鼠标壳
Set DO10_14;
WaitTime 1;
Reset DO10_14;
MoveL offs(f20,0,0,100),v40,z10,MyTool\WObj:=wobj1;
MoveJ Target_250,v40,fine,MyTool\WObj:=Workobject_1;
MoveJ Target_260,v40,fine,MyTool\WObj:=Workobject_1;
MoveJ offs(ksbg2,0,0,50),v40,z10,MyTool;
MoveL ksbg2,v40,fine,MyTool;
MoveL offs(ksbg2,0,0,50),v40,z10,MyTool;

MoveL offs(ksbg3,0,0,50),v40,z10,MyTool;
MoveL ksbg3,v40,fine,MyTool;
MoveL offs(ksbg3,0,0,50),v40,z10,MyTool;

MoveL offs(ksbg1,0,0,50),v40,z10,MyTool;
MoveL ksbg1,v40,fine,MyTool;
MoveL offs(ksbg1,0,0,50),v40,z10,MyTool;
！准备夹取 USB
MoveJ offs(usb1a,n2*60,n3*75,100),v40,fine,MyTool\WObj:=usbc;
！等待右臂动作
Set DO10_3;
WaitTime 1;
Reset DO10_3;
MoveL offs(usb1a,n2*60,n3*75,0)v40,fine,MyTool\WObj:=usbc;
WaitTime 3;
！夹 USB

```
                    Set DO10_11;
                    WaitTime 1;
                    Reset DO10_11;
                    MoveL offs(usb1a,n2*60,n3*75,200),v40,z10,MyTool\WObj:=usbc;
                    ! 等待右臂动作
                    WaitDI DI10_3,1;
                    ! 将 USB 移动到安装位置
                    MoveL Target_50,v40,fine,MyTool\WObj:=wobj0;
                    MoveJ offs(f30,0,0,20),v40,z10,MyTool\WObj:=wobj0;
                    MoveL f30,v40,z10,MyTool\WObj:=wobj0;
                    WaitTime 3;
                    ! 放置 USB
                    Set DO10_12;
                    WaitTime 1;
                    Reset DO10_12;
                    MoveL offs(f30,0,0,20),v40,z10,MyTool\WObj:=wobj0;
                    ! 安装 USB
                    Set DO10_11;
                    WaitTime 1;
                    Reset DO10_11;
                    MoveL f40,v40,z10,MyTool\WObj:=wobj0;
                    MoveL offs(f30,0,0,20),v40,z10,MyTool\WObj:=wobj0;
                    Set DO10_12;
                    WaitTime 1;
                    Reset DO10_12;
                    ! 回到指定位置,准备循环装配
                    MoveL Target_50,v40,fine,MyTool\WObj:=wobj0;
                    MoveJ offs(usb1a,n2*60,n3*75,100),v40,fine,MyTool\WObj:=usbc;
                    Set DO10_4;
                    WaitTime 1;
                    Reset DO10_4;
                    n1:=n1+1;
                    n2:=n2+1;
        ENDWHILE
                    n3:=n3+1;
                    n2:=0;
    ENDWHILE
    ENDWHILE
        ENDPROC
        ! 主函数程序
        PROC main()
            rInit;
            Path_10;
```

ENDPROC
! 初始化函数程序
PROC rInit()
! 设置机器人的加速度和速度
AccSet 100,100;
VelSet 200,400;
! 参数初始化
! n1:=1;
!! n2:=0;
! n3:=0;
! 工具初始化
Reset DO10_1;
Reset DO10_2;
Reset DO10_3;
Reset DO10_4;
Reset DO10_5;
Reset DO10_6;
Reset DO10_9;
Reset DO10_11;
Reset DO10_13;
WaitTime 0.3;
Set DO10_10;
Set DO10_12;
Set DO10_14;
WaitTime 0.3;
Reset DO10_10;
Reset DO10_12;
Reset DO10_14;
rHome;
WaitTime 0.3;
ENDPROC
! 运动到初始位置程序
PROC rHome()
VAR Jointtarget joints;
joints:=CJointT();
joints.robax.rax_2:=-23;
joints.robax.rax_3:=0;
joints.robax.rax_4:=0;
joints.robax.rax_5:=20;
MoveAbsJ joints\NoEOffs,v40,fine,tool0;
joints.robax.rax_1:=-30;
MoveAbsJ joints\NoEOffs,v40,fine,tool0;
MoveAbsJ home\NoEOffs,v1000,fine,tool0;

                Set DO10_5;
ENDPROC
ENDMODULE

(2) 右机械臂的代码如下：

MODULE MainModule
    ! 初始位置点
CONST jointtarget home:=[[28.146,-20.2452,31.4552,-0.152968,41.8487,43.7095],
    [9E+09,9E+09,9E+09,9E+09,9E+09,9E+09]];
    ! 目标轨迹点，为了避免碰撞和死点
CONST robtarget p10:=[[108.58,-158.60,483.04],[0.00709382,0.732993,0.680183,-0.00469501],[-1,-1,0,0],[9E+09,9E+09,9E+09,9E+09,9E+09,9E+09]];
CONST robtarget p20:=[[-105.99,-216.48,499.93],[0.327288,0.869123,-0.0592677,-0.366054],[-2,-1,1,0],[9E+09,9E+09,9E+09,9E+09,9E+09,9E+09]];
CONST robtarget p30:=[[-75.99,-188.89,540.65],[0.369552,0.880447,0.136049,-0.264073],[-2,-1,0,0],[9E+09,9E+09,9E+09,9E+09,9E+09,9E+09]];
CONST robtarget p40:=[[142.52,-143.06,592.74],[0.0690694,0.504506,0.860194,0.0277],[-1,0,-4,0],[9E+09,9E+09,9E+09,9E+09,9E+09,9E+09]];
CONST robtarget p50:=[[57.30,-214.93,559.10],[0.158397,0.714966,0.587668,0.344063],[-1,0,-4,0],[9E+09,9E+09,9E+09,9E+09,9E+09,9E+09]];
CONST robtarget p60:=[[421.48,-199.70,510.98],[0.344722,-0.837162,0.0493437,-0.42],[-1,0,-3,0],[9E+09,9E+09,9E+09,9E+09,9E+09,9E+09]];
CONST robtarget p70:=[[176.90,-45.10,607.02],[0.240966,0.0594169,0.9429,0.222137],[-1,0,-5,0],[9E+09,9E+09,9E+09,9E+09,9E+09,9E+09]];
CONST robtarget p80:=[[145.93,-102.84,618.82],[0.246763,0.0702476,0.942031,0.21622],[-1,0,-5,0],[9E+09,9E+09,9E+09,9E+09,9E+09,9E+09]];
CONST robtarget p90:=[[205.17,-403.96,360.16],[0.0532733,0.329436,-0.382646,0.861],[-1,-1,-2,1],[9E+09,9E+09,9E+09,9E+09,9E+09,9E+09]];
CONST robtarget p100:=[[117.90,-198.18,604.23],[0.365325,0.700022,0.605416,-0.0998],[-1,-1,-4,0],[9E+09,9E+09,9E+09,9E+09,9E+09,9E+09]];
CONST robtarget p110:=[[217.73,106.47,614.04],[0.415592,0.0592775,0.834551,0.356783],[0,0,0,0],[9E+09,9E+09,9E+09,9E+09,9E+09,9E+09]];
CONST robtarget f10:=[[24.85,53.01,165.97],[0.460831,-0.283413,0.834279,-0.106255],[-1,0,-2,0],[9E+09,9E+09,9E+09,9E+09,9E+09,9E+09]];
CONST robtarget f20:=[[-47.13,51.50,101.41],[0.251416,-0.663471,0.267305,-0.652031],[-1,0,-3,0],[9E+09,9E+09,9E+09,9E+09,9E+09,9E+09]];
CONST robtarget f30:=[[-125.28,51.14,73.16],[0.229765,0.701744,0.21375,0.639589],[-1,0,0,0],[9E+09,9E+09,9E+09,9E+09,9E+09,9E+09]];
CONST robtarget f40:=[[-62.42,44.10,88.34],[0.237546,0.592593,0.191671,0.745431],[-1,0,0,0],[9E+09,9E+09,9E+09,9E+09,9E+09,9E+09]];
CONST robtarget f50:=[[24.84,53.02,167.99],[0.460851,-0.283418,0.834265,-0.106263],[-1,0,-2,0],[9E+09,9E+09,9E+09,9E+09,9E+09,9E+09]];
CONST robtarget f60:=[[68.81,-576.75,388.92],[0.839401,0.34269,-0.263827,0.329187],[-1,0,-3,

1],[9E+09,9E+09,9E+09,9E+09,9E+09,9E+09]];
CONST robtarget end1:=[[-87.35,43.46,165.16],[0.493989,-0.214066,0.831233,-0.13857],[-1,1,-2,0],[9E+09,9E+09,9E+09,9E+09,9E+09,9E+09]];
！工件坐标系初始点
CONST robtarget dc1:=[[113.60,-344.80,378.64],[0.0566115,0.174218,0.982613,0.0301],[-1,0,-1,0],[9E+09,9E+09,9E+09,9E+09,9E+09,9E+09]];
CONST robtarget sb1:=[[-13.20,37.14,11.42],[0.204904,0.797069,-0.371205,-0.430002],[-2,-1,1,0],[9E+09,9E+09,9E+09,9E+09,9E+09,9E+09]];
！工件坐标系
TASKPERS wobjdata wobj1:=[FALSE,TRUE,"",[[425.588,-261.094,308.188],[0.930325,-0.0622594,0.186177,0.30977]],[[0,0,0],[1,0,0,0]]];
TASKPERS wobjdata wobj2:=[FALSE,TRUE,"",[[-174.105,-557.639,209.468],[0.94957,-0.00307263,0.00354045,0.313521]],[[0,0,0],[1,0,0,0]]];
TASKPERS wobjdata wobj3:=[FALSE,TRUE,"",[[227.096,-473.829,208.684],[0.949151,-0.00551332,0.00568343,0.314721]],[[0,0,0],[1,0,0,0]]];
TASKPERS wobjdata endc:=[FALSE,TRUE,"",[[425.738,5.25801,205.049],[0.949044,-0.00254447,1.23757E-05,0.315135]],[[0,0,0],[1,0,0,0]]];
！循环计数变量
PERS num n1:=1;
PERS num n2:=0;
PERS num n3:=0;
！工具坐标数据
TASKPERS tooldata tool1:=[TRUE,[[45.323,-99.7464,106.745],[1,0,0,0]],[1,[0,0,0],[1,0,0,0],0,0,0]];
TASKPERS wobjdata ktc:=[FALSE,TRUE,"",[[-176.563,-493.879,362.241],[0.941775,-6.20553E-05,9.06466E-05,0.336243]],[[0,0,0],[1,0,0,0]]];
CONST robtarget p120:=[[-367.11,-262.95,440.68],[0.326177,0.876499,-0.116854,-0.334219],[-2,0,0,0],[9E+09,9E+09,9E+09,9E+09,9E+09,9E+09]];
CONST robtarget sb1wobj0:=[[-174.40,-486.82,366.77],[0.053013,0.739455,0.492534,-0.455858],[-2,-1,0,0],[9E+09,9E+09,9E+09,9E+09,9E+09,9E+09]];
TASKPERS wobjdata dccr:=[FALSE,TRUE,"",[[111.024,-342.045,369.858],[0.892581,0.000468365,0.000219025,-0.450887]],[[0,0,0],[1,0,0,0]]];
CONST robtarget dcr1:=[[13.01,9.92,-0.42],[0.0154112,-0.289118,0.956598,0.0330546],[-1,0,-1,0],[9E+09,9E+09,9E+09,9E+09,9E+09,9E+09]];

PERS tooldata MyTool:=[TRUE,[[0,0,0],[1,0,0,0]],[0.001,[0,0,0.001],[1,0,0,0],0,0,0]];
TASKPERS wobjdata USB:=[FALSE,TRUE,"",[[436.823,-950.58,213.393],[0,0,0,1]],[[0,0,0],[1,0,0,0]]];
TASKPERS wobjdata final:=[FALSE,TRUE,"",[[496.016,-11.439,214.148],[0,0,0,1]],[[0,0,0],[1,0,0,0]]];
TASKPERS wobjdata battery:=[FALSE,TRUE,"",[[37.019,-475.125,215.598],[0,0,0,1]],[[0,0,0],[1,0,0,0]]];
TASKPERS wobjdata body:=[FALSE,TRUE,"",[[-276.726,-98.561,214.983],[0,0,0,1]],[[0,0,0],[1,

0,0,0]]];
TASKPERS wobjdata cover:=[FALSE,TRUE,"",[[-273.894,-790.434,212.836],[0,0,0,1]],[[0,0,0],[1,0,0,0]]];
TASKPERS wobjdata asssemble:=[FALSE,TRUE,"",[[200.019,-525.506,347.678],[0.596513874,-0.379698826,0.379698826,-0.596513874]],[[0,0,0],[1,0,0,0]]];
TASKPERS wobjdata arrange:=[FALSE,TRUE,"",[[0,0,0],[1,0,0,0]],[[687.93,124.844,206.217],[0,0,0,1]]];
! 基准点
CONST robtarget calipoint:=[[-52.90,16.54,427.61],[0.660434,0.208383,0.674069,-0.25697],[-1,0,-1,0],[9E+09,9E+09,9E+09,9E+09,9E+09,9E+09]];
! 系统初始化
PROC rInit()
! Set acceleration and velocity of robot
    AccSet 100,100;
    VelSet 200,400;
! 参数初始化
    n1:=1;
    n2:=0;
    n3:=0;
! 工具初始化
    Reset DO10_9;
    Reset DO10_11;
    Reset DO10_1;
    Reset DO10_2;
    Reset DO10_3;
    Reset DO10_4;
    Reset DO10_5;
    Reset DO10_6;
    WaitTime 0.3;
    Set DO10_10;
    Set DO10_12;
    WaitTime 0.3;
    Reset DO10_10;
    Reset DO10_12;
    rHome;
    WaitTime 0.3;
ENDPROC

! 主函数
PROC main()
    MoveJ Offs(calipoint,0,0,0),v600,z50,MyTool\WObj:=endc;
    left;
ENDPROC

第6章 机器人双臂协调装配实验

! 轨迹函数
PROC left( )
 rInit;
 WHILE n1 < 9 DO
  WHILE column < 2 DO
   WHILE line < 4 DO
    ! 左右双臂进行 I/O 通信,确保双臂都已知道对方到达初始位置
    Set DO10_6;
    WaitDI DI10_6,1;
    Reset DO10_6;
    ! 准备夹取鼠标基准
    MoveJ Offs(dcr1,0,0,200),v80,z20,MyTool\WObj:=dcrc;
    MoveJ Offs(sb1,column*150,line*100,100),v80,fine,MyTool\WObj:=sbc;
    MoveL Offs(sb1,column*150,line*100,0),v80,fine,MyTool\WObj:=sbc;
    WaitTime 2;
    ! 夹取鼠标基准
    Set DO10_9;
    WaitTime 0.3;
    Reset DO10_9;
    MoveL Offs(sb1,column*150,line*100,100),v80,z20,MyTool\WObj:=sbc;
    WaitDI DI10_4,1;
    ! 准备将鼠标基座放置到安装台上
    MoveJ Offs(dcr1,0,0,200),v80,z20,MyTool\WObj:=dcrc;
    MoveJ Offs(f10,0,0,50),v80,fine,MyTool\WObj:=wobj1;
    MoveL Offs(f10,0,0,0),v80,fine,MyTool\WObj:=wobj1;
    WaitTime 2;
    Set DO10_10;
    WaitTime 0.3;
    Reset DO10_10;
    MoveL Offs(f10,0,0,50),v80,z20,MyTool\WObj:=wobj1;
    MoveJ Offs(dcr1,0,0,200),v80,fine,MyTool\WObj:=dcrc;
    ! 放置鼠标基座
    Set DO10_1;
    WaitDI DI10_1,1;
    Reset DO10_1;
    ! 准备夹取电池
    MoveJ Offs(dcr1,column*50,line*50,100),v80,fine,MyTool\WObj:=dcrc;
    MoveL Offs(dcr1,column*50,line*50,0),v80,fine,MyTool\WObj:=dcrc;
    WaitTime 2;
    ! 夹电池
    Set DO10_9;
    WaitTime 0.3;
    Reset DO10_9;

```
MoveL Offs(dcr1,column*50,line*50,200),v80,z20,MyTool\WObj:=dcrc;
! 放电池
MoveJ offs(f30,0,0,50),v80,fine,MyTool\WObj:=wobj1;
MoveL offs(f30,0,0,0),v80,fine,MyTool\WObj:=wobj1;
WaitTime 2;
Set DO10_10;
WaitTime 0.3;
Reset DO10_10;
MoveJ offs(f30,0,0,50),v80,z20,MyTool\WObj:=wobj1;
! 将电池装紧
MoveJ Offs(f40,0,0,100),v80,fine,MyTool\WObj:=wobj1;
MoveL Offs(f40,0,0,0),v80,fine,MyTool\WObj:=wobj1;
MoveL Offs(f40,0,0,100),v80,fine,MyTool\WObj:=wobj1;
! 停在安全区域,避让左臂
MoveJ Offs(end1,0,200,100),v30,fine,MyTool\WObj:=endc;
Set DO10_2;
WaitTime 0.5;
Reset DO10_2;
WaitDI DI10_3,1;
! 夹取鼠标,准备安装 USB
MoveJ Offs(f10,0,0,50),v80,fine,MyTool\WObj:=wobj1;
MoveL Offs(f10,0,0,0),v80,fine,MyTool\WObj:=wobj1;
WaitTime 2;
Set DO10_9;
WaitTime 0.3;
Reset DO10_9;
MoveL Offs(f10,0,0,50),v80,z20,MyTool\WObj:=wobj1;
! 安装 USB
MoveJ Offs(dcr1,0,0,200),v80,fine,MyTool\WObj:=dcrc;
MoveJ f60,v30,fine,MyTool\WObj:=wobj0;
Set DO10_3;
WaitTime 0.5;
Reset DO10_3;
! 安装好 USB 后将鼠标放在工作台上
WaitDI DI10_4,1;
MoveJ Offs(dcr1,0,0,200),v80,z20,MyTool\WObj:=dcrc;
MoveJ Offs(end1,column*150,line*100,100),v30,fine,MyTool\WObj:=endc;
MoveL Offs(end1,column*150,line*100,0),v30,fine,MyTool\WObj:=endc;
WaitTime 2;
Set DO10_10;
WaitTime 0.3;
Reset DO10_10;
MoveL Offs(end1,column*150,line(100,100),v30,z20,MyTool\WObj:=endc;
```

```
                        line : = line + 1;
                        n1 : = n1+1;
    ENDWHILE
                        line : = 0;
                        column : = column+1;
ENDWHILE
        ENDWHILE
    ENDPROC
! 运动到初始位置程序
PROC rHome( )
VAR Jointtarget joints;
        joints: = CJointT( );
        joints. robax. rax _ 2: = -23;
        joints. robax. rax _ 3: = 0;
        joints. robax. rax _ 4: = 0;
        joints. robax. rax _ 5: = 20;
        WaitDI DI10 _ 5,1;
        MoveAbsJ joints\NoEOffs,v100,z10,tool0;
        MoveAbsJ home\NoEOffs,v400,fine,tool0;
ENDPROC
ENDMODULE
```

第 7 章

并联机器人自动化分拣实验

本章目标

1. 掌握单目相机的标定。
2. 掌握基本的图像处理方法。
3. 学会静态识别标准模块的程序编写。
4. 学会动态抓取标准模块的程序编写。

本章的主要内容基于并联机器人平台和视觉系统，进行静态和动态抓取标准模块实验。此实验平台是一个基于 Delta 型机器人搭建的教学用零件识别分拣平台，因为读者已经通过第 6 章的实验对机器人的手动操作和示教目标点等操作有了一定程度的掌握，所以本章的学习内容主要放在了机器人与视觉系统以及传送带系统的结合应用上。实验的第一步就是进行相机的标定，通过标定来读取相机的内参和外参信息；第二步进行标准模块的静态识别，其中会涉及一些图像处理的算法，包括噪声滤波、灰度阈值分割、边缘检测等；第三步是进行标准模块的动态抓取，这步是本次实验的重点和难点，因为需要同时结合机器人系统、相机系统和传送带系统。通过这三步才能最终完成并联机器人自动化分拣实验。

7.1 实验任务描述

本次实验目的是在并联机器人实验平台上，完成自动化分拣实验。以 ABB 公司的 Delta 型机器人为基础，搭建了基于双目视觉的机器人分拣系统，如图 7-1 所示。在该系统中，上料盘将多种形状、颜色的工件随机地散落在传送带上，通过双目视觉平台对工件进行识别和定位后，由机器人系统完成工件跟踪，并将工件分类放入对应的工件放置槽中。

图 7-1 双目视觉机器人分拣系统

7.2 实验目标

1）掌握单目相机的标定。
2）掌握基本的图像处理方法。
3）学会静态识别标准模块的程序编写。
4）学会动态抓取标准模块的程序编写。
5）完整实现并联机器人自动化分拣。

7.3 实验任务实施

7.3.1 相机的标定

经过对各种标定方法的综合考虑与对比，本文选择采用张正友标定法来完成相机的标定。使用的标定棋盘方格是9×6的棋盘方格。每台相机使用20张图片进行标定，图7-2所示为标定棋盘格。

本书使用的相机为一组CCD相机，型号为MER-200-20GC，分辨率为1628（H）×1236（V），传感器尺寸为1/1.8in，最大帧率为20f/s，曝光时间为20μs~1s。配备镜头为500万像素的低畸变、定焦镜头，焦距为12mm。数据接口为以太网，支持快速以太网（100Mbit/s）或千兆以太网（1000Mbit/s）。基于GxIAPICPP库以及OpenCV库编程，并进行标定和畸变校正。

1. 单目标定实验

每台相机使用不同角度的共计20张图片进行标定和校正，部分标定图片如图7-3所示。

左、右两个相机的标定结果见表7-1。

图7-2 9×6的标定棋盘格

表7-1 左、右两台相机的标定参数

左侧相机内参数矩阵			左侧相机畸变系数	
2767.09	0.00	815.13	0.021	0.228
0.00	2766.41	611.62	0.001	0.001
0.00	0.00	1.00	−1.340	
右侧相机内参数矩阵			右侧相机畸变系数	
2757.13	0.00	820.25	0.021	0.231
0.00	2758.39	610.41	0.001	0.001
0.00	0.00	1.00	−1.304	

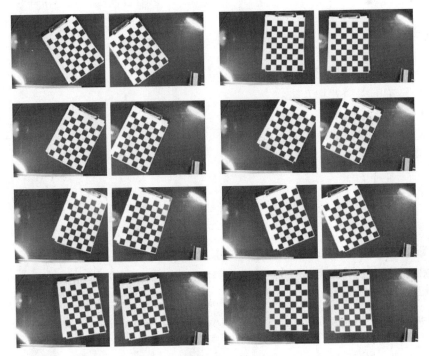

图 7-3 单目标定图片组

由表 7-1 可知，标定所得的主点偏移值（内参数矩阵一行三列和二行三列）都接近分辨率的 1/2，因此传感器的位置中心与光轴距离较近，与相机的指标相符，结果比较准确。同时，由畸变系数较小可知镜头畸变较小，且图像平面与光轴垂直度较高，与镜头选型的结果相符合。

2. 双目标定实验

双目相机的立体标定与校正同样采用标定棋盘格板进行标定，需要采用 20 组图片。与单目校正不同的是，立体标定校正要求对左、右相机同时进行数据采集，且在计算时要将左、右相机的图像数据以左、右对应的方式输入到标定程序中。

经过立体标定计算得到旋转矩阵 R、平移矩阵 T、本征矩阵 E、重投影矩阵 Q 的结果如下：

$$R = \begin{pmatrix} 0.999 & 0.001 & -0.009 \\ -0.001 & 0.999 & 0.002 \\ -0.009 & -0.002 & 0.999 \end{pmatrix} \tag{7-1}$$

$$T = \begin{pmatrix} -195.313 \\ 0.371 \\ -1.256 \end{pmatrix} \tag{7-2}$$

$$E = \begin{pmatrix} 0.000 & 3.013 & 0.566 \\ -1.254 & 0.384 & 195.117 \\ 0.373 & -195.129 & 0.394 \end{pmatrix} \tag{7-3}$$

$$Q = \begin{pmatrix} 1 & 0 & 0 & -815.13 \\ 0 & 1 & 0 & 611.62 \\ 0 & 0 & 0 & 2766.23 \\ 0 & 0 & 5.125 \times 10^{-3} & 0 \end{pmatrix} \quad (7\text{-}4)$$

旋转矩阵 R 描述了左、右相机坐标系的位姿关系，实验中左、右相机的位姿关系接近平行，完全平行时，R 为 3×3 的单位矩阵，而实际结果与之较为接近，可知旋转矩阵的标定结果比较准确。

平移矩阵 T 描述了左、右相机坐标系原点的相对位置关系，理论上两坐标系的 YOZ 平面接近平行，X 轴基本重合。因此，沿 X 轴方向的两相机的距离等于相机光轴之间的距离。由标定结果可知，两坐标系原点沿 X 轴方向的距离是 195.117mm，而实际上左、右相机光轴的距离为 196mm，因此，两坐标系平移矩阵的标定结果与理论分析相符。

7.3.2 坐标系的标定

在实验过程中，需要采用不同的笛卡儿坐标系分别对不同功能单元的位置和姿态进行定义和描述，将这些坐标系按运动状态分为运动和静止两类。其中，运动坐标系有：与机器人固连的末端工具坐标系（包括吸盘工具坐标系 tool1、球触头工具坐标系 tool2 和锥触头工具坐标系 tool3），与传送带固连的传送带坐标系 Cnv，与目标工件固连的工件坐标系 Wobj。静止坐标系有：相机坐标系 Cam，机器人坐标系 Base，工件放置槽坐标系 Place。图 7-4 为各个坐标系的位置示意图。

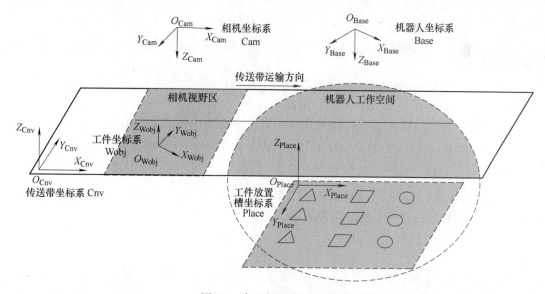

图 7-4 各坐标系位置示意图

机器人坐标系指机器人的基座坐标系。在本系统中，由于所有机器人的运动均被转换至该坐标系下运动，因此将机器人坐标系规定为参考坐标系。机器人末端工具均以螺纹连接方式安装于动平台法兰盘上。以法兰盘中心点与工具中心点的位姿关系定义工具坐标系 tool。本系统中所用的三种工具（吸盘工具、球触头工具、锥触头工具）如图 7-5 所示。图 7-6 为工具与法兰盘的位姿关系示意图。

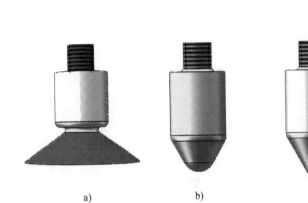

图 7-5 三种末端工具
a) 吸盘工具 b) 球触头工具 c) 锥触头工具

图 7-6 工具与法兰盘的位姿关系

由于这三种工具均为回转体，且回转轴线与法兰盘的轴线重合，因此规定工具与动平台的 Z 轴相互重合，X 轴、Y 轴则均保持平行关系。若两中心点的距离为 h，则转换矩阵为：

$$T_{\text{Base}}^{\text{tool}} = \begin{pmatrix} 1 & 0 & 0 & 0 \\ 0 & 1 & 0 & 0 \\ 0 & 0 & 1 & h \\ 0 & 0 & 0 & 1 \end{pmatrix} \tag{7-5}$$

根据吸盘工具、球触头工具、锥触头工具与法兰盘的中心点的距离 h_1、h_2、h_3，分别求得对应转换矩阵：

$$T_{\text{Base}}^{\text{tool1}} = \begin{pmatrix} 1 & 0 & 0 & 0 \\ 0 & 1 & 0 & 0 \\ 0 & 0 & 1 & h_1 \\ 0 & 0 & 0 & 1 \end{pmatrix}, \quad T_{\text{Base}}^{\text{tool2}} = \begin{pmatrix} 1 & 0 & 0 & 0 \\ 0 & 1 & 0 & 0 \\ 0 & 0 & 1 & h_2 \\ 0 & 0 & 0 & 1 \end{pmatrix}, \quad T_{\text{Base}}^{\text{tool3}} = \begin{pmatrix} 1 & 0 & 0 & 0 \\ 0 & 1 & 0 & 0 \\ 0 & 0 & 1 & h_3 \\ 0 & 0 & 0 & 1 \end{pmatrix} \tag{7-6}$$

传送带坐标系与传送带平台固连，因此以传送带平面为 XOY 平面建立传送带坐标系，并规定传送带的运动方向为 X 轴正方向。在传送带静止状态下，标定传送带坐标系，得到传送带坐标系与机器人坐标系的转换矩阵 $T_{\text{Cnv}}^{\text{Base}}$ 为

$$T_{\text{Cnv}}^{\text{Base}} = \begin{bmatrix} \boldsymbol{n} & \boldsymbol{o} & \boldsymbol{a} & \boldsymbol{p} \\ 0 & 0 & 0 & 1 \end{bmatrix} \tag{7-7}$$

设传送带在运动状态下的运动距离为 s，若传送带坐标系沿 X 轴方向移动 s，则此时的转换矩阵 $T_{\text{Cnv}}^{\text{Base}}$ 为

$$T_{\text{Cnv}}^{\text{Base}} = \begin{bmatrix} \boldsymbol{n} & \boldsymbol{o} & \boldsymbol{a} & \boldsymbol{p} \\ 0 & 0 & 0 & 1 \end{bmatrix} \begin{pmatrix} 1 & 0 & 0 & -s \\ 0 & 1 & 0 & 0 \\ 0 & 0 & 1 & 0 \\ 0 & 0 & 0 & 1 \end{pmatrix} \tag{7-8}$$

工件坐标系与工件固连，以工件上表面为 XOY 平面，X 轴和 Y 轴的方向依工件的几何

特征确定。以正方形工件为例，X 轴、Y 轴分别与正方形的边长方向平行，其中以与传送带坐标系 X 轴夹角较小的边长为工件坐标系的 X 轴。工件放置槽坐标系为静止坐标系，以工件放置槽平面为 XOY 平面，工件放置槽阵列的阵列方向为 X 轴、Y 轴的参考方向。相机坐标系是双目视觉平台标定后，以双目相机的位姿关系建立的坐标系，并以相机标定的结果为坐标系参考。

本实验设计了一种标定模块，如图 7-7 所示，该标定模块的多个平面上均有固定直径的圆孔阵列，可通过机器人末端或测量臂对其进行测量。将标定模块安装在与之对应的机械结构上，且与对应的目标坐标系 Tar 关联。

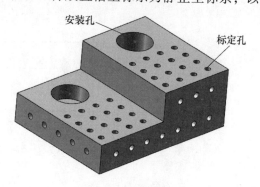

图 7-7 标定模块

在第一次标定时，使用测量臂在其本体坐标系 Mer 下对目标坐标系的几何特征进行精确测量，并以此为依据建立精度较高的 Tar 坐标系。再将测量臂的参考坐标系更改为 Tar 对标定模块上的点 $\{P\}$ 进行测量，得到这些点在目标坐标系下的坐标 $\{P_{\text{Tar}}\}$。将 $\{P_{\text{Tar}}\}$ 作为计算参数进行存储。

在初次标定目标坐标系和标定模块的过程中，将目标坐标系的全部信息保存在了标定模块的点云中。坐标系移动后，需要重新标定两个坐标系的位姿关系时，只需通过测量目标坐标系对应标定模块的点云，便可得到目标坐标系的全部信息。其具体流程如图 7-8 所示。

在这种方法中，将坐标系中的标定信息和特征信息通过一次精确的测量以数据形式进行了存储，因此在后续的标定中，既能提高标定效率，也能保证标定精度，同时优化后的点云还保证了标定数据的可靠性，这种做法在实际应用中有很好的应用价值。

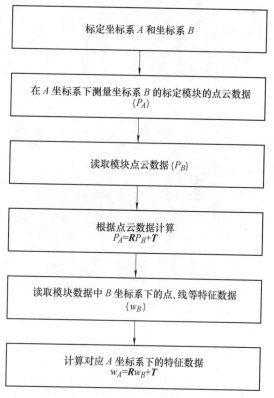

图 7-8 模块化标定流程

7.3.3 目标动态跟踪

零件的识别定位是通过双目视觉平台对采集到的静态图像进行处理来完成的，而分拣过程则是由机器人在动态的传送带上完成定位和抓取。由于零件与传送带共同运动，所以需要对零件目标进行跟踪。在本实验的分拣系统中，为了保证抓取效率，选择了通过光电编码器采集传送带速度信息的方式来对目标进行跟踪。本实验所采用的编码器为 Omron 的 E6B2-C

型增量型编码器,分辨率为500P/r。在进行动态目标跟踪前,需要先对编码器的运动参数进行标定。图7-9为编码器标定示意图。

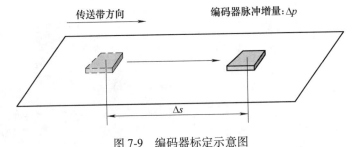

图7-9 编码器标定示意图

编码器的运动参数 D 为

$$D = \frac{\Delta s}{\Delta p} \tag{7-9}$$

下面对跟踪过程中的目标位置进行计算。

如图7-10所示,在进行目标识别和分拣时,对应传送带坐标系位置分布为 Cnv1 和 Cnv2,两坐标系的距离为

$$s = D \cdot \Delta p \tag{7-10}$$

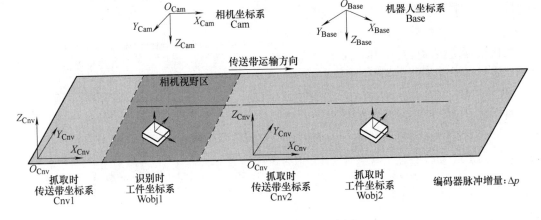

图7-10 传送带目标跟踪示意图

设此时 Cnv1 与机器人坐标系的转换矩阵为 $T_{\text{Cnv1}}^{\text{Base}}$,相机坐标系下识别工件坐标系位姿得到 $T_{\text{Wobj1}}^{\text{Cam}}$,相机坐标系与机器人坐标系的转换矩阵为 $T_{\text{Base}}^{\text{Cam}}$,则有

$$T_{\text{Wobj1}}^{\text{Base}} = (T_{\text{Base}}^{\text{Cam}})^{-1} T_{\text{Wobj1}}^{\text{Cam}} \tag{7-11}$$

因为

$$T_{\text{Cnv2}}^{\text{Cnv1}} = \begin{pmatrix} 1 & 0 & 0 & -s \\ 0 & 1 & 0 & 0 \\ 0 & 0 & 1 & 0 \\ 0 & 0 & 0 & 1 \end{pmatrix} \tag{7-12}$$

所以由传送带与工件坐标系的固连关系可知 $T_{\mathrm{Cnv2}}^{\mathrm{Cnv1}} = T_{\mathrm{Wobj2}}^{\mathrm{Wobj1}}$，由式（7-11）与式（7-12）可得：

$$T_{\mathrm{Wobj2}}^{\mathrm{Base}} = T_{\mathrm{Wobj1}}^{\mathrm{Base}} T_{\mathrm{Wobj2}}^{\mathrm{Wobj1}}$$

$$= (T_{\mathrm{Base}}^{\mathrm{Cam}})^{-1} T_{\mathrm{Wobj1}}^{\mathrm{Cam}} \begin{pmatrix} 1 & 0 & 0 & -s \\ 0 & 1 & 0 & 0 \\ 0 & 0 & 1 & 0 \\ 0 & 0 & 0 & 1 \end{pmatrix} \tag{7-13}$$

故根据双目视觉识别定位结果 $T_{\mathrm{Wobj1}}^{\mathrm{Cam}}$ 及目标运动距离 s，代入式（7-13）即可求得目标零件的实时位姿。

由式（7-9），对传送带的运动参数 D 进行标定：已知编码器转轮直径为 80mm，则周长为 251.32mm。对应单圈脉冲数为 500，因此与运动参数基本吻合。实际运动距离为 334.41mm，读得对应编码器增量为 672，因此有：

$$D = \frac{334.41\mathrm{mm}}{672} = 0.497\mathrm{mm/P} \tag{7-14}$$

再对目标动态跟踪定位的精度进行测量计算。如图 7-11 所示，在进行目标动态跟踪的定位实验中，在传送带上粘贴了 3 个不同位置、间隔一定距离的标志点，用测量臂对标志点进行定位，同时读取对应目标跟踪定位算法计算出的运动距离。

图 7-11　传动带跟踪定位实验

通过前后 3 次移动传送带，读取了 3 组标志点坐标和运动距离计算结果，见表 7-2。

表 7-2　传送带跟踪定位结果　　　　　　　　　　　　（单位：mm）

运动序号	标志点 A	标志点 B	标志点 C	目标跟踪定位
1	207.88	207.60	207.53	207.92
2	169.95	169.77	169.70	170.00
3	191.58	191.73	191.90	191.60

由表 7-2 可知，3 组运动距离定位结果中，各个标定点的运动距离与由编码器定位得到的运动距离结果基本一致，所以目标动态跟踪定位的结果精度较高。

7.3.4 标准块分拣

在完成相机标定和坐标系标定后,接着进行标准块分拣实验。首先,选择一个定位工具来确定物体的位置。定位工具用于定义图像中的某个特征以便提供位置数据。定位工具会创建一个参考点,用于在图像中快速、可靠地定位一个部件。根据实验要求,定位工具选择"PatMax 图案"。检查工具用于检查部件是否位于定位工具规定的位置,根据当前应用程序的要求,有出现/缺少、测量、计数、几何等不同的工具可用。检查工具也选择"PatMax 图案"。

在分拣实验过程中,传送带的运动速度约为100mm/s,而相机图像采集的时间间隔为1.4s,因此采集时间间隔内传送带的运动距离约为140mm。由视觉系统的有效视野区域长度为290mm可知,采集间隔时间不会导致零件漏采集。图7-12 为采集到的实时图像的灰度图,由零件上的坐标系标识可知,零件被有效识别和定位。

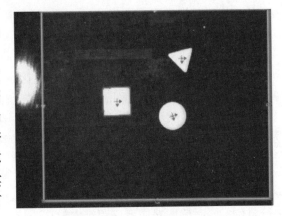

图7-12　识别定位灰度图

7.3.5 程序注解

并联机器人标准块分拣抓取的代码如下:

```
MODULE MainModule
!用户数据,传送带系统以及相机系统相关参数
PERS UserData tuneData_Cnv1:=[-320,200,0,0,[0,0,0],[65,25,-20]];
PERS UserData tuneData_Cnv2:=[-500,-200,0,0,[0,0,0],[32,80,0]];
PERS UserData tuneData_Cnv3:=[-300,-100,0,0,[0,3,-10],[0,0,0]];
PERS UserData tuneData_Cnv4:=[-300,-100,0,0,[0,3,-10],[0,0,0]];
PERS UserData tuneData_Cnv5:=[-300,-100,0,0,[0,3,-10],[0,0,0]];
!工具数据
PERS tooldata tGripper:=[TRUE,[[0,0,46],[0.694658,0,0,0.71934]],[0.3,[0,0,50],[1,0,0,0],0,0,0]];
!初始位置
PERS robtarget pHome:=[[-5.27,-8.53,-946.38],[0,0.867722,0.497049,0],[0,2,0,0],[9E+09,9E+09,9E+09,9E+09,9E+09,0.1]];
!工件坐标系数据
PERS wobjdata WObjPick:=[FALSE,FALSE,"CNV1",[[0,0,0],[1,0,0,0]],[[-608.208,-104.691,0],[1,0,0,0]]];
!载荷数据
PERS loaddata lodEmpty:=[0.001,[0,0,0.001],[1,0,0,0],0,0,0];
PERS loaddata lod100ml:=[0.1,[0,0,50],[1,0,0,0],0,0,0];
PERS loaddata lod250ml:=[0.25,[0,0,50],[1,0,0,0],0,0,0];
```

！终止点数据
VAR stoppointdata spdPick:=[3,FALSE,[0,0,0,0],0,0.03,"",0,0];
VAR stoppointdata spdPlace:=[3,TRUE,[0,0,0,0],0,0.01,"",0,0];
！数组数据
VAR triggdata trGripON;
VAR triggdata trGripOFF;
VAR triggdata trGripBlowOn;
VAR triggdata trGripBlowOff;
VAR triggdata trGetPlaceTgt;
！速度数据
PERS speeddata MaxSpeed:=[4000,1000,500,5000];
PERS speeddata MidSpeed:=[2500,1000,500,5000];
PERS speeddata LowSpeed:=[1500,1000,500,5000];
PERS speeddata VerySlowSpeed:=[1000,1000,500,5000];
！索引
VAR num PickIndex:=1;
VAR num PlaceIndex:=2;
PERS num nPlaceType:=1;
！放置标准块的初始位置
var robtarget pCurPos:=[[130.733,-250.372,-1030.17],[0,0.82307,0.56794,0],[0,2,0,0],[9E+09,9E+09,9E+09,9E+09,9E+09,842.263]];
var robtarget tria_wht:=[[54.74,456.78,-6.00],[0.0011321,0.97022,0.242209,-0.00262969],[0,3,0,0],[9E+09,9E+09,9E+09,9E+09,9E+09,11844.4]];
var robtarget tria_blk:=[[56.65,340.40,-5.53],[0.00110955,0.968112,0.250502,-0.00263928],[0,3,0,0],[9E+09,9E+09,9E+09,9E+09,9E+09,3115.02]];
var robtarget squa_wht:=[[45.9,-120.22,-4.44],[0.000390673,-0.705226,-0.708977,0.00283624],[0,2,0,0],[9E+09,9E+09,9E+09,9E+09,9E+09,2711.79]];
var robtarget squa_blk:=[[63.32,-223.2,-1.99],[0.000425716,-0.696406,-0.717642,0.0028312],[0,2,0,0],[9E+09,9E+09,9E+09,9E+09,9E+09,13042.6]];
var robtarget cirl_wht:=[[49.02,167.25,-3.65],[0.00096192,-0.545496,-0.838108,0.00269659],[0,2,0,0],[9E+09,9E+09,9E+09,9E+09,9E+09,8063.39]];
var robtarget cirl_blk:=[[47.66,47.69,-3.56],[0.000263664,-0.736175,-0.676785,0.00285086],[0,2,0,0],[9E+09,9E+09,9E+09,9E+09,9E+09,8727.51]];
TASKPERS tooldata pin1:=[TRUE,[[0,0,44],[1,0,0,0]],[0.1,[0,0,0],[1,0,0,0],0,0,0]];
TASKPERS wobjdata wobj1:=[FALSE,TRUE,"",[[-132.042,-82.1306,-1042.23],[0.885309,0.000477419,-0.00282294,-0.464995]],[[0,0,0],[1,0,0,0]]];
！计数参数
PERS num ncount1;
PERS num ncount2;
PERS num ncount3;
PERS num ncount4;
PERS num ncount5;
PERS num ncount6;

```
PERS num a1;
PERS num a2;
PERS num a3;
PERS num a4;
PERS num a5;
PERS num a6;
CONST robtarget p10:=[[-122.73,-215.13,22.15],[0,0.912307,0.409507,0],[0,3,0,0],[9E+09,9E+09,
    9E+09,9E+09,9E+09,1833.12]];
VAR orient temp;
    ! 数组初始化
PROC InitTrigger()
        TriggEquip trGripON,15,0.2\DOp:=DO10_1,1;
        TriggEquip trGripOFF,0,0.08\DOp:=DO10_1,0;
        TriggEquip trGripBlowOn,8,0\GOp:=GoVacuume,1;
        TriggEquip trGripBlowOff,5,0\GOp:=GoVacuume,0;
ENDPROC
    ! 系统状态初始化
PROC Init()
        AccSet 100,100;
        VelSet 100,10000;
        CheckHomePos;
        Reset DO10_1;
        ncount1:=0;
        ncount2:=0;
        ncount3:=0;
        ncount4:=0;
        ncount5:=0;
        ncount6:=0;
        a1:=0;
        a2:=0;
        a3:=0;
        a4:=0;
        a5:=0;
        a6:=0;
        initTrigger;
        ! 将传送带系统与视觉系统连接
    SetupWorkArea PickIndex,tuneData_Cnv1.EnterLimit,tuneData_Cnv1.ExitLimit;
    SetupTrack
     PickIndex,"VISION","DISTANCE"\TrigDist:=400\DistFilter:=30\FrameOffset:=tuneData_Cnv1.
            FrameOffset;
    SetupVision PickIndex,"Model_1.job";
    SingArea\Wrist;
    TPErase;
```

ENDPROC
　　! 标准块分拣抓取函数
PROC Pick(num Index)
VAR ItemTarget PickTarget;
　　! 等待标准块进入抓取区域
　　ConfL\Off;
　　GetTargets TrckSource{Index},PickTarget\DropDist:=10;
　　WObjPick:=TrckSource{Index}.Wobj;
　　! 根据标准块不同类型进行抓取
TEST PickTarget.nType
CASE 1:
　　　　MoveL offs(PickTarget.rbTarget,-20,-2,40),MaxSpeed,z50,tGripper\WObj:=WObjPick;
　　　　TriggL\Conc,offs(PickTarget.rbTarget,-20,-2,0),LowSpeed,trGripON,z5\Inpos:=spdPick,
　　　　tGripper\WObj:=WObjPick;
　　　　GripLoad lod100ml;
　　　　TriggL\Conc,offs(PickTarget.rbTarget,-20,-2,40),LowSpeed,trAckPick{Index},z10,tGripper
　　　　\WObj:=WObjPick;
　　　　nPlaceType:=1;
CASE 2:
　　　　MoveL offs(PickTarget.rbTarget,-20,-2,60),MaxSpeed,z50,tGripper\WObj:=WObjPick;
　　　　TriggL\Conc,offs(PickTarget.rbTarget,-20,-2,0),LowSpeed,trGripON,z5\Inpos:=spdPick,
　　　　tGripper\WObj:=WObjPick;
　　　　GripLoad lod250ml;
　　　　TriggL\Conc,offs(PickTarget.rbTarget,-20,-2,60),LowSpeed,trAckPick{Index},z10,tGripper\
　　　　WObj:=WObjPick;
　　　　nPlaceType:=2;
CASE 3:
　　　　MoveL offs(PickTarget.rbTarget,-20,-2,60),MaxSpeed,z50,tGripper\WObj:=WObjPick;
　　　　TriggL\Conc,offs(PickTarget.rbTarget,-20,-2,00),LowSpeed,trGripON,z5\Inpos:=spdPick,
　　　　tGripper\WObj:=WObjPick;
　　　　GripLoad lod250ml;
　　　　TriggL\Conc,offs(PickTarget.rbTarget,-20,-2,60),LowSpeed,trAckPick{Index},z10,tGripper\
　　　　WObj:=WObjPick;
　　　　nPlaceType:=3;
CASE 4:
　　　　MoveL offs(PickTarget.rbTarget,-20,-2,40),MaxSpeed,z50,tGripper\WObj:=WObjPick;
　　　　TriggL\Conc,offs(PickTarget.rbTarget,-20,-2,0),LowSpeed,trGripON,z5\Inpos:=spdPick,
　　　　tGripper\WObj:=WObjPick;
　　　　GripLoad lod100ml;
　　　　TriggL\Conc,offs(PickTarget.rbTarget,-20,-2,40),LowSpeed,trAckPick{Index},z10,tGripper\
　　　　WObj:=WObjPick;
　　　　nPlaceType:=4;
CASE 5:

MoveL offs(PickTarget.rbTarget,-20,-2,60),MaxSpeed,z50,tGripper\WObj:=WObjPick;
TriggL\Conc,offs(PickTarget.rbTarget,-20,-2,0),LowSpeed,trGripON,z5\Inpos:=spdPick,
tGripper\WObj:=WObjPick;
GripLoad lod250ml;
TriggL\Conc,offs(PickTarget.rbTarget,-20,-2,60),LowSpeed,trAckPick{Index},z10,tGripper\
WObj:=WObjPick;
nPlaceType:=5;

CASE 6:
MoveL offs(PickTarget.rbTarget,-20,-2,60),MaxSpeed,z50,tGripper\WObj:=WObjPick;
TriggL\Conc,offs(PickTarget.rbTarget,-20,-2,0),LowSpeed,trGripON,z5\Inpos:=spdPick,
tGripper\WObj:=WObjPick;
GripLoad lod250ml;
TriggL\Conc,offs(PickTarget.rbTarget,-20,-2,60),LowSpeed,trAckPick{Index},z10,tGripper\
WObj:=WObjPick;
nPlaceType:=6;

DEFAULT:
TPWrite "Unknown Item Type!";
AckItemTarget TrckSource{Index},PickTarget,TRUE;

ENDTEST
ENDPROC
! 根据不同类型的标准块进行分拣
PROC Place()
ConfL\On;
TEST nPlaceType
CASE 1:
IF ncount1>4 THEN
a1:=a1+1;
ncount1:=0;
ENDIF
MoveL offs(cirl_blk,60*ncount1,60*a1,40),MaxSpeed,z20,tGripper\Wobj:=WObj1;
TriggL\Conc,offs(cirl_blk,60*ncount1,60*a1,0),LowSpeed,trGripOFF,fine,tGripper\Wobj:=
WObj1;
WaitTime 0.5;
GripLoad lodEmpty;
TriggL\Conc,offs(cirl_blk,60*ncount1,60*a1,40),LowSpeed,trGripBlowOff,z20,tGripper\
Wobj:=WObj1;
ncount1:=ncount1+1;
IF ncount1>4 AND a1=1 THEN
ncount1:=0;
a1:=0;
TPWrite "The black circle blocks have been put away.";
ENDIF
CASE 2:

```
        IF ncount2>4 THEN
                    a2:=a2+1;
                    ncount2:=0;
        ENDIF
                    MoveL offs(cirl_wht,60*ncount2,60*a2,40),MaxSpeed,z20,tGripper\Wobj:=WObj1;
                    TriggL\Conc,offs(cirl_wht,60*ncount2,60*a2,0),LowSpeed,trGripOFF,fine,tGripper\WObj:=WObj1;
                    WaitTime 0.5;
                    GripLoad lodEmpty;
                    triggL\Conc,offs(cirl_wht,60*ncount2,60*a2,40),LowSpeed,trGripBlowOff,z20,tGripper\Wobj:=WObj1;
                    ncount2:=ncount2+1;
        IF ncount2>4 AND a2=1 THEN
                    ncount2:=0;
                    a2:=0;
                    TPWrite "The white circle blocks have been put away.";
        ENDIF
        CASE 3:
        IF ncount3>4 THEN
                    a3:=a3+1;
                    ncount3:=0;
        ENDIF
                    MoveL offs(squa_blk,60*ncount3,60*a3+5,40),MaxSpeed,z20,tGripper\WObj:=WObj1;
                    TriggL\Conc,offs(squa_blk,60*ncount3,60*a3+5,0),LowSpeed,trGripOFF,fine,tGripper\WObj:=WObj1;
                    WaitTime 0.5;
                    GripLoad lodEmpty;
                    triggL\Conc,offs(squa_blk,60*ncount3,60*a3+5,40),LowSpeed,trGripBlowOff,z20,tGripper\Wobj:=WObj1;
                    ncount3:=ncount3+1;
        IF ncount3>4 AND a3=1 THEN
                    ncount3:=0;
                    a3:=0;
                    TPWrite "The black square blocks have been put away.";
        ENDIF
        CASE 4:
        IF ncount4>4 THEN
                    a4:=a4+1;
                    ncount4:=0;
        ENDIF
                    MoveL offs(squa_wht,60*ncount4,60*a4,40),MaxSpeed,z20,tGripper\Wobj:=WObj1;
                    TriggL\Conc,offs(squa_wht,60*ncount4,60*a4,0),LowSpeed,trGripOFF,fine,tGripper\Wobj:=
```

```
                WObj1;
                WaitTime 0.5;
                GripLoad lodEmpty;
                TriggL\Conc,offs(squa_wht,60*ncount4,60*a4,40),LowSpeed,trGripBlowOff,z20,tGrip
                per\Wobj:=WObj1;
                ncount4:=ncount4+1;
    IF ncount4>4 AND a4=1 THEN
                ncount4:=0;
                a4:=0;
                TPWrite "The white square blocks have been put away.";
    ENDIF
    CASE 5:
    IF ncount5>4 THEN
                a5:=a5+1;
                ncount5:=0;
    ENDIF
                MoveL offs(tria_blk,60*ncount5,60*a5,40),MaxSpeed,z20,tGripper\Wobj:=WObj1;
                TriggL\Conc,offs(tria_blk,60*ncount5,60*a5,0),LowSpeed,trGripOFF,fine,tGripper\W
                Obj:=WObj1;
                WaitTime 0.5;
                GripLoad lodEmpty;
                triggL\Conc,offs(tria_blk,60*ncount5,60*a5,40),LowSpeed,trGripBlowOff,z20,tGripper
                \Wobj:=WObj1;
                ncount5:=ncount5+1;
    IF ncount5>4 AND a5=1 THEN
                ncount5:=0;
                a5:=0;
                TPWrite "The black tiangel blocks have been put away.";
    ENDIF
    CASE 6:
    IF ncount6>4 THEN
                a6:=a6+1;
                ncount6:=0;
    ENDIF
                MoveL offs(tria_wht,60*ncount6,60*a6,40),MaxSpeed,z20,tGripper\WObj:=WObj1;
                TriggL\Conc,offs(tria_wht,60*ncount6,60*a6,0),LowSpeed,trGripOFF,fine,tGripper\WObj:=
                WObj1;
                WaitTime 0.5;
                GripLoad lodEmpty;
                triggL\Conc,offs(tria_wht,60*ncount6,60*a6,40),LowSpeed,trGripBlowOff,z20,tGripper\
                Wobj:=WObj1;
                ncount6:=ncount6+1;
    IF ncount6>4 AND a6=1 THEN
```

```
                ncount6:=0;
                a6:=0;
        ENDIF
        TPWrite "The white triangle blocks have been put away.";
    DEFAULT:
                TPWrite "Unknown Item Type!";
                Stop;
    ENDTEST
ENDPROC
    ! 主函数入口
PROC Main()
        Init;
        ! 对初始位置和初始角度进行修正
        squa_wht.trans.x := squa_wht.trans.x+5;
        squa_wht.trans.y := squa_wht.trans.y-1;
        squa_wht.rot := squa_wht.rot * [Cos(-5*pi/180),0,0,Sin(2*pi/180)];


        squa_blk.trans.x := squa_blk.trans.x-15;
        squa_blk.trans.y := squa_blk.trans.y-20;
        squa_blk.rot := squa_blk.rot * [Cos(2*pi/180),0,0,Sin(2*pi/180)];

        tria_wht.trans.x := tria_wht.trans.x-2;
        tria_wht.trans.y := tria_wht.trans.y-3;
        tria_wht.rot := squa_blk.rot * [Cos(2*pi/180),0,0,Sin(2*pi/180)];


        tria_blk.trans.x := tria_blk.trans.x-9;
        tria_blk.trans.y := tria_blk.trans.y-6;
        tria_blk.rot := squa_blk.rot * [Cos(2*pi/180),0,0,Sin(2*pi/180)];

WHILE TRUE DO
        Pick PickIndex;
        Place;
ENDWHILE
ERROR
ENDPROC
    PROC Routine1()
        MoveJ [[-378.46,159.49,92.56],[0,0.912287,0.409551,0],[0,3,0,0],
        [9E+09,9E+09,9E+09,9E+09,9E+09,0]],v200,fine,tGripper\WObj:=wobj1;
        MoveL[[-307.44,108.69,92.56],[0,0.912273,0.409584,0],[0,3,0,0],[9E+09,9E+09,9E+09,
        9E+09,9E+09,0]],v200,z20,tGripper\WObj:=wobj1;
        Set DO10_1;
```

```
        MoveJ [[-351.68,46.85,92.56],[0,0.912253,0.409627,0],[0,3,0,0],[9E+09,9E+09,9E+09,
        9E+09,9E+09,0]],v200,z20,tGripper\WObj:=wobj1;
        MoveJ Offs(p10,0,0,50),v200,z20,tGripper\WObj:=wobj1;
        MoveJ p10,v200,z20,tGripper\WObj:=wobj1;
        MoveJ Offs(p10,0,0,50),v200,z20,tGripper\WObj:=wobj1;
        Reset DO10_1;
    ENDPROC
ENDMODULE
! 检查机器人是否在初始位置
MODULE UtilityModule
FUNC bool CurrentPos(robtarget ComparePos,INOUT tooldata TCP)
VAR num Counter:=0;
VAR robtarget ActualPos;
        ActualPos:=CRobT(\Tool:=TCP\WObj:=wobj0);
IF ActualPos.trans.x > ComparePos.trans.x - 25 AND ActualPos.trans.x < ComparePos.trans.x + 25 Counter:=
        Counter+1;
IF ActualPos.trans.y > ComparePos.trans.y - 25 AND ActualPos.trans.y < ComparePos.trans.y + 25 Counter:=
        Counter+1;
IF ActualPos.trans.z > ComparePos.trans.z - 25 AND ActualPos.trans.z < ComparePos.trans.z + 25 Counter:=
        Counter+1;
IF ActualPos.rot.q1 > ComparePos.rot.q1 - 0.1 AND ActualPos.rot.q1 < ComparePos.rot.q1 + 0.1 Counter:=
        Counter+1;
IF ActualPos.rot.q2 > ComparePos.rot.q2 - 0.1 AND ActualPos.rot.q2 < ComparePos.rot.q2 + 0.1 Counter:=
        Counter+1;
IF ActualPos.rot.q3 > ComparePos.rot.q3 - 0.1 AND ActualPos.rot.q3 < ComparePos.rot.q3 + 0.1 Counter:=
        Counter+1;
IF ActualPos.rot.q4 > ComparePos.rot.q4 - 0.1 AND ActualPos.rot.q4 < ComparePos.rot.q4 + 0.1 Counter:=
        Counter+1;
RETURN Counter=7;
ENDFUNC
PROC CheckHomePos()
VAR robtarget pActualPos;
VAR jointtarget jtPos;
!
IF(NOT CurrentPos(pHome,tGripper))THEN
        pActualpos:=CRobT(\Tool:=tGripper\WObj:=wobj0);
        pActualpos.trans.z:=pHome.trans.z;
        MoveL pActualpos,v500,z10,tGripper;
        jtPos:=CalcJointT(pHome,tGripper\WObj:=wobj0);
        MoveAbsJ jtPos,v1000,fine,tGripper;
ENDIF
ENDPROC
PROC rCheckCnv2()
```

```
        ActUnit CNV1;
        SetDO c1PosInJobQ,0;
        PulseDO c1RemAllPObj;
        DropWObj TrckSource{1}.Wobj;
        WaitTime 1;
        WaitWObj TrckSource{1}.Wobj;
        TPWrite "Connected";
ENDPROC
PROC rCheckCnv1()
        ActUnit CNV1;
        PulseDO c1RemAllPObj;
        DropWobj WObjPick;
        WaitTime 1;
        reSet c1SoftSyncSig;
        Set c1SoftSyncSig;
        Waitwobj WObjPick;
        stop;
        DropWobj WObjPick;
ENDPROC
ENDMODULE
```

参 考 文 献

[1] 叶辉, 管小清. 工业机器人实操与应用技巧 [M]. 北京: 机械工业出版社, 2010.
[2] 叶辉, 何智勇. 工业机器人工程应用虚拟仿真教程 [M]. 北京: 机械工业出版社, 2013.
[3] 叶辉. 工业机器人典型应用案例精析 [M]. 北京: 机械工业出版社, 2013.
[4] 魏志丽, 林燕文. 工业机器人应用基础: 基于 ABB 机器人 [M]. 北京: 北京航空航天大学出版社, 2016.
[5] 蔡自兴, 等. 机器人学基础 [M]. 北京: 机械工业出版社, 2015.
[6] 熊有伦, 等. 机器人学: 建模、控制与视觉 [M]. 北京: 机械工业出版社, 2018.
[7] 熊有伦, 等. 机器人学技术基础 [M]. 武汉: 华中科技大学出版社, 1996.
[8] 蔡自兴, 谢斌, 等. 机器人学 [M]. 3 版. 北京: 清华大学出版社, 2015.
[9] 黄真. 并联机器人机构学理论及控制 [M]. 北京: 机械工业出版社, 1997.
[10] 张广军. 机器视觉 [M]. 北京: 科学出版社, 2005.
[11] 章毓晋. 图像理解与计算机视觉 [M]. 北京: 清华大学出版社, 2000.
[12] 孟晓桥, 胡占义. 摄像机自标定方法的研究与进展 [J]. 自动化学报, 2003, 29 (1): 110-124.
[13] 崔彦平, 林玉池, 张晓玲. 基于神经网络的双目视觉摄像机标定方法的研究 [J]. 光电子·激光, 2005, 16 (9): 1097-1100.
[14] 刘宇, 梁斌, 强文义, 等. 基于运动学标定的空间机器人位姿精度的研究 [J]. 机械设计, 2007, 4 (24): 8-12.
[15] 孙迪生, 王炎. 机器人控制技术 [M]. 北京: 机械工业出版社, 1998.
[16] 方雨, 李大寨, 林闯. 基于机器视觉的传送带分拣技术研究 [J]. 机械工程与自动化, 2018 (6): 173-175.
[17] 赵鹏, 李大寨, 王韬. 基于 Logistic 回归的零件图像区域提取 [J]. 计算机应用研究, 2017, 34 (4), 1265-1268.